나는 100살까지 요리하기로 했다

나는
100살까지
요리하기로
했다

김종옥 지음

꿈을 이룰 수 있다고 확신할 수 있다면
어떠한 꿈이라도 이룰 수 있다.
잘할 수 있고 좋아하는 일에 적당히 미쳐라.

좋은땅

이 글을 쓰면서 나보다 더 고생하고 불행한 삶을 살아오신 분들과 어려운 환경 속에서도 더 성공한 분들 앞에 부끄럽고 죄송한 마음이 든다. 이 책을 쓰게 된 동기에는 두 가지가 있다. 먼저는 한평생 조리사로 외길인생을 걸어오면서 산업현장과 교육 현장에서 보고 듣고 느낀 경험을 젊은 세대들에게 들려줌으로써 나도 할 수 있다는 자신감과 도전정신을 심어 주고, 자기가 하는 일에 열정적으로 최선을 다하면 반드시 꿈은 이루어진다는 희망을 주기 위해서이다. 또 하나는 100살까지 일할 수 있는 장기근속 노하우를 알려 주기 위해서가 아니라 100살까지 일하고자 하는 이유와 목적을 발견하고 노년의 삶에서 어떤 목표를 갖는가에 달려 있다는 그 마음을 갖도록 영감을 주기 위해서다.

요리에 관심이 있는 사람이나 직업 조리사를 꿈꾸는 사람이라면 누구나 한 번쯤은 읽어 볼 만한 자전적 에세이다.

이 원고를 처음 접하게 되었을 때는 그냥 '아~ 요리에 관한 이야기만 수록되어 있겠다'는 생각이 들었는데 요리만이 아닌 저자의 인생 일대기가 들어 있다는 것에 놀랐다.

'아, 이런 어린 시절을 보냈고 이래서 조리사가 되었구나!' 하고 덤덤하게 읽은 글도 있었지만 힘들었던 어린 시절을 솔직하게 써서 깊은 울림을 주는 글도 여럿 있었다.

특히 이 책에는 조리사들의 삶의 족적 그리고 조리사로서의 애환 등이 감동을 주었고 나 역시 친구로서 같은 길을 걷고 있다는 생각에 이 책을 감명 깊게 읽게 되었으며 이야기들이 흥미로웠고 단편영화를 보는 것 같았다.

저자의 노력과 열정과 작품들이 이 한 권의 책에 고스란히 녹아 있어 매 페이지 볼거리가 있었다. 지루하지 않고 시간 가는 줄 모르게 읽으면서 순간순간 가슴이 뭉클한 전율을 느끼기도 하였다.

저 밑바닥에서 끌어올린 울림을 정성스레 담아 모두에게 전하는 저자의 마음에 깜짝 놀란다.

돈과 성공만을 좇는 현실에서 자신을 찾고 행복을 들여다볼 수 있게 도와주는 일상을 그린 책 평범한 것이 가장 비범하다는 깨달음이 온다.

기능한국인
대한민국조리 명장 이철기

한평생 조리 외길인생을 걸어온 김종옥 저자는 처음 조리사라는 직업을 택하고 호텔 실습생으로 시작하여 특급호텔의 총주방장을 거치고, 정년퇴임과 동시 대학교 조리학과에 초빙되어 제2의 인생을 교육자로서 학생들을 지도하며 이 시대 최고의 기술 명장이 되기까지 오직 한 우물을 파 오면서 많은 고난과 역경 속에서도 꿈을 포기하지 않고, 초지일관의 정신으로 꿋꿋이 외길만 고집해 왔다. 선배의 글을 읽으면서 내내 가슴 한구석에 잔잔한 감동으로 다가왔다.

아직도 막연한 꿈을 현실로 만들려는 젊은이들부터 퇴직을 한 60대에 이르기까지 100세 시대를 살아가야 하는 이 시대에 현재 우리가 모두 처한 환경과 현실에 좋은 본보기가 될 것이며, 외길인생을 걸어오면서 조리 분야에서 자수성가한 저자의 성공사례를 담은 많은 사람에게 감동과 자신감을 줄 것이며, 자신이 앞으로 걸어갈 방향과 우리가 해야 할 일이 있다는 걸 알려 주고, 인생의 후반기를 충만하게 살 수 있도록 영감을 주는 인상적인 패러다임을 제공하는 멋진 선물이다.

먼 안목으로 인생의 미래를 걱정하는 사람들이라면 누구에게나 일독을 권한다.

강원관광대학교 교수 정천석

내가 강원랜드의 초보 조리사였을 때 그는 우리 팀을 책임지고 있는 수장이었다.

언제나 변함없이 뷔페가 차려지고 오픈하기 직전에 나타나 음식을 둘러보며 꼼꼼히 확인하고 뭔가 이상하다 싶으면 책임자를 호출해서 한마디씩지적하면서 본인의 경험과 방식을 얘기하면서 개선점을 요구하던 모습이아직도 눈에 어른거린다.

실무자인 중간급 선배들은 그런 그의 모습에 겉으론 내색하지 못해도 '뭘저리 꼬치꼬치 신경을 쓰시나!' 하면서 속으론 불만도 많았었던 것으로 기억한다.

그러나 초보였던 내 눈에는 그이 행동 하나하나가 의미심장하게 느껴졌고 어쩔 수 없이 철두철미한 성격을 소유한 분이란 점을 알 수 있었고, 더불어 돌이켜 보건대 세심한 그의 행동 하나하나가 업장에 긍정적인 긴장을유지해 주는 일이었음을 이제는 이해할 수 있다.

현업에서 은퇴하고 대학에서 교편을 잡으셨어도 후학양성과 요리의 계승을 위한 지칠 줄 모르고 식을 줄 모르는 그의 열정에 나는 또다시 탄복을금치 못한다.

요리로 점철된 그의 인생에 후배로서 존경심을 넘어 경이감이 들 정도다

어떤 인생이든 허비 없이 한 분야에 인생을 바쳐 노력한 삶은 개인의 이력 이상의 사회적인 큰 자산이라고 생각한다.

이러한 자산을 글로 남기는 것 또한 본인의 삶의 정리뿐만 아니라 세상에 남기는 귀감의 자료일 것이다.

남은 생애에도 건강이 허락되어 마지막 순간까지 이 분야의 더 큰 금자탑을 쌓기를 기원하고 자서전 발행의 힘든 여정을 위로하며 진심으로 존경을 담아 축하의 글을 드린다.

강원랜드의 후배 조리사
작가 김성윤

메일로 보내 주신 원고를 사무실에서 컴퓨터로 읽었다. 그러다 글의 끝에서 가슴에 차오르는 감동으로 눈물을 훔치고 말았다.

창피할 만도 한 이야기까지 가감 없이 내어놓으시며 하시고자 하는 이야기가 무엇일까? 오지의 시골에서 태어나 일흔이 넘는 나이까지 당신이 품은 꿈의 뜨거움 때문에 유행가 가사처럼 긴 세월 하루같이 앞만 보고 달려오신 이모부님의 열정에 박수를 보낸다. 쉰의 나이에도 예순의 나이에도 그 자리에 안주할 생각이 없으셨다. 정년퇴임을 하면 취미 생활이나 찾으며 소일하시려니 했는데 교육계의 문을 두드려 대학교수로 일하시고 또, 산업현장교수의 문을 두드려 어렵게 꿈을 좇는 젊은 학생들에게 세계무대를 보여 주며 기회를 열어 주고 본인이 가진 것들을 아낌없이 쏟아부으시기에 여념이 없으셨다.

가슴에 꿈을 품은 사람은 아무도 말릴 수가 없나 보다. 한시도 누워 유유자적하시는 모습을 뵌 적이 없다. 옆에서 뵙기에 일흔이 넘으신 나이가 너무도 아깝고 나이만 젊은 나를 늘 부끄럽게 하신다.

유명인의 추천 글을 원치 않으시고 가까이서 당신의 평소 모습을 지켜본 조카의 추천 글을 원하시는 초지일관의 진솔하신 모습에 또 한 번 머리숙이게 하신다. 요리에 대한 사랑과 평생 자신의 일을 즐기며 그 일을 통해 지역사회에 공헌하시고 이제 후학들에게 안타까운 애정으로 당신의 걸어온 길을 있는 그대로 기록하여 남기고자 하신다.

당신의 삶이 어렵게 꿈을 시작하는 젊은 사람들에게 힘이 되고 희망이 되길 간절히 원하는 마음 그 외에 아무것도 생각지 않으시는 마음을 너무도 잘 안다. 얼마 전 시낭송을 녹음하여 보내오셨다. 자서전을 마무리하시고 요즈음은 또 새로운 시작을 하신 듯하다.

2022년 봄의 문턱에서

조카 미영

요리는 예술이라고 흔히들 말하지만 조리하는 그 예술 자체에 밑받침이 없다면 예술의 가치를 지닐 수 없다. 따라서 조리를 하는 사람이라면 조리에 대한 과학적 개념을 먼저 터득하고 조리에 임해야 한다. 맛있고 훌륭한 요리를 만드는 것도 조리과학에 대한 기초지식이 완벽한 사람이어야만 맛과 위생 영양적인 조화를 이룰 수 있고 모든 사람이 공감하는 예술의 가치를 창조해 낼 수 있는 것이다. 삶는 것 하나만 보더라도 어떤 식품은 찬물에 뚜껑을 덮고 또 어떤 식품은 찬물에 뚜껑을 열고 삶는데 이처럼 다양한 조리과학을 이해하는 사람과 그렇지 못한 사람 사이에는 엄청난 맛과 영양, 그리고 예술의 차이가 있다.

대중매체에서 다뤄지는 조리사의 모습은 환상에 가깝다. 실제 조리사는 육체적 노동 강도가 강하고 노동시간이 길다. 요리는 체력과의 싸움이다. 조리사를 목표로 한다면 요리학원보다 먼저 헬스장에 가서 운동을 시작하는 것을 권장할 정도로 고되고 힘든 직업이 바로 조리사다. 조리사의 길을 선택하기 전에 심사숙고해야 한다는 점을 강조하고 싶다.

이 책의 내용은 다음과 같다.

chapter 1에서는 나의 유소년기를 회고해 보았고, chapter 2에서는 청룡부대로 월남전에 파월하여 전쟁의 비참함을 몸소 체험한 내용을 기술하였으며, chapter 3에서는 조리사의 꿈을 안고 호텔에 입성하여 조리사로서 겪었던 우여곡절을 피력하였다. chapter 4에서는 정년퇴임 후 다시 교육계로 진출하여 국내외 요리대회에서 학생들과 함께 체험한 일들을 기술하였으며, chapter 5에서는 산업현장교수로 위촉되어 활동하고 있는 사례를 진술하였고 chapter 6에서는 조리사가 꼭 알아야 할 필수항목과, 가정에서도 쉽게 할 수 있는 호텔, 레스토랑 요리와 수비드 요리를 이해하기 쉽도록 사진과 함께 부록으로 실었다.

2022년 2월 저자 씀

인생 제1막

인생전반기

인
생
제
2
막

chapter 3   호텔리어의 길

인생 후반기

인생 제 3막

chapter 4   교육자의 길

인생 제4막

부
록

`chapter 6` 나만의 요리비법으로
　　　　　고객의 입맛을 KO시켜라

수비드 공법

인생
제
1
막

chapter 1

유소년 시절

나의 살던 고향은

산청에서 30리 외딴길 두메산골 황매산 정기를 받고 '차황'에서 농부의 아들로 2남 5녀 중 장남으로 태어났다. 2㎞ 남짓한 시골 개울 길을 걸어 다니며 초등학교를 통학하면서 냇가에서 낚시로 낚아 올린 중태고기와 붕어를 고무신짝에 담아 와 닭에 먹이로 주기도 하였다. 겨울이면 사랑방에 친구들과 오순도순 모여 앉아 딱지치기와 팽이치기, 제기차기, 연날리기, 냇가에 나가 썰매타기 등을 하며 코흘리개 어린 시절을 보냈다.

초등학교 6학년 때 정확히는 알 수 없지만 장티푸스로 생각되는 질병을 앓게 되었다. 당시 농촌에는 병원은커녕 마땅한 약국 하나 제대로 없는 시대라 크게 아프기라도 하면 치료가 어려워 생명을 잃을 수도 있었던 시절이었다. 그래도 다행히 면소재지 초등학교 앞에 가정집 비슷한 약국이 하나 있었다. 마을에 환자가 발생하면 청진기 하나를 가방에 넣고 마을을 방문하여 진료하는 유일한 의사 선생님이 어렴풋이 기억이 떠오른다.

나는 마땅한 치료를 하지 못하여 몇 달을 고생하며 탈진에 빠져 있었는데 하루는 어머니께서 사이다에 달걀노른자를 타 주신 것이 어렴풋이 생각난다. 지금도 그때 그 칠성사이다 맛을 잊을 수가 없다. 하마터면 생명을 잃을 뻔한 어려운 환경에서도 부모님의 극진한 정성과 간호로 어렵게 치료를 받아 회복하게 된 것은 기적이었다고 한다. 그 일로 인하여 중학교 입학시험의 기회를 놓치고 나는 재수를 생각하던 중 사촌형의 권유로 1년간 서당공부를 하게 되었다.

산골 마을 전경

서당공부를 위해 십리 길을 넘나들며

당시 내가 다니던 서당은 '부리골'이라는 산골 벽촌마을에 있었다. 산길을 돌고 돌아 약 3~4㎞를 걸어야만 했다. 서당에 입소하면 처음으로 배우게 되는 교재가 사자소학이다. 사자소학은 천자문보다도 먼저 배우는 한자의 기초적인 교과서다. 삼강오륜을 기본으로 부모님에게 대한 효도, 형제들 간의 우애, 스승에 대한 예의, 친구들 간의 우정, 바람직한 대인관계 등을 배운다.

올바른 마음가짐을 갖기 위한 기본적인 행동철학이 담겨 있는 종합적인 도덕 교육과 인성 교육의 교과서다. 스승의 가르침은 지식뿐 아니라 생활 태도나 정신 자세에 이르기까지 폭넓게 이루어졌다. 공부를 게을리하거나 잘못된 행동을 했을 때 종아리를 맞는 일도 종종 있었다.

당시는 가을에 거둔 곡식을 서당의 선생님인 훈장에게 수업료로 냈다. 한 권의 책 내용을 완전히 익혀야 다음 책으로 넘어갔으므로 함께 시작했더라도 학생에 따라 진도를 달리하는 개별 학습이 이루어졌다. 한 권의 책을 다 외우고 이해하면 훈장님께 감사하며 음식을 준비해 '책거리'를 하고 다음 교재로 넘어갔다. 사자소학과 천자문이 끝나고 명심보감이 끝날 무렵 나는 중학교 입학시험을 치르기 위해 서당 공부를 그만두었다.

입학시험에 합격하고 친구들보다 1년 늦게 중학교에 입학하여 3년 동안 자취 생활을 하였다. 우리 마을에서 중학교까지는 약 12㎞로 30리 길이었다. 주중에는 학교 부근 자취방에서 생활하다 토요일 오후가 되면 아스팔트길도 아닌 험악한 국도를 걸어서 집을 왕래하며 부모님의 농사일을 돕고 일요일 오후나 월요일 아침에 다시 일주일 먹을 쌀과 엄마가 정성껏 만들어 주신 반찬을 등에 지고 다시 30리 길을 걸어가야만 했다. 당시는 시외버스도 없고 가끔 트럭 한 대씩 국도를 다니던 시절이라 읍내를 드나들 때는 모두가 걸어서 다녔다.

3년 동안 자취 생활을 하면서 힘들고 어려운 일도 참 많았다. 연탄불도 없어 땔감을 마련해 재래식 부엌에서 불을 지펴 밥을 짓고 한 가지 반찬으로 끼니를 때우던 시절이었다. 지금은 전자동 시스템인 취사도구가 발달하여 실내에서도 전기밥솥에 쌀과 물만 붓고 스위치만 누르면 간단히 취사가 되는 시대에 우리는 살고 있다. 젊은 세대라면 그 시절을 이해하기 힘들 것이다.

지금 생각하면 당시 자취 생활을 하면서 음식을 만들어 본 것이 직업 조리인으로 성장하는 데 큰 도움이 되지 않았나 생각된다.

농촌이 싫어서

어린 시절의 나는 그저 시골소년에 불과했다.

도시로 먼저 나간 친구들이 부럽고 농촌 생활이 싫었다. 그해 가을 농번기가 끝나자 곧바로 부산 영주동 소재 5촌 당숙 댁으로 직장을 구하기 위해 고향을 떠났다. 그러나 마땅한 직장을 찾기란 쉬운 일이 아니었다. 며칠을 답답하게 지내는 모습을 본 당고모님께서 부산 국제시장에 지인이 종업원을 구한다고 옷가게 점원 일을 해 보겠냐는 제의를 하셨다. 경험도 없는 시골 촌뜨기라 걱정은 되지만 용기를 내어 하기로 결심하였다.

긴장된 마음으로 첫 출근을 하여 손님 응대법에 관한 간단한 기본 교육을 받고 점원 일을 시작하였다. 하지만 이런 일을 해 본 경험이 없고 숫기가 적은 성격의 소유자인 나로서는 적성에 맞지 않는 것은 당연한 일이었다.

하루가 열흘 같은 날이 일주일 정도 지났을까, 주인께서 가게 일과는 맞지 않다고 내일부터 나오지 말라는 것이 아닌가. 그렇게 망신만 당하고 이번에는 부산에서 운전을 하고 있는 고향 소꿉친구에게 전화를 걸어 직장 한 군데를 알아봐 달라고 했더니 자기한테 와서 트럭 조수를 해 보라고 하였다. 운전면허증이나 취득해 볼까 하는 마음에서 7일간 조수석에 앉아 따라다니다 적성에 맞지 않아 다시 포기하고 고향으로 돌아왔다.

그래도 농사일이 싫어 몇 개월 후 이번에는 다시 부산 거제리의 큰누님 댁을 찾았다. 매형의 소개로 목재소에 취직을 하였다. 하는 일은 아침부터 모래 짐을 지게에 지고 2층으로 운반하거나 무거운 목재를 운반하는 막노

농촌 생활 시절의 한때

동이었다. 하루는 너무도 힘들어 감독관의 눈을 피해 화장실에 앉아서 시간을 보내 보기도 하며 요령을 부렸지만 그것도 한계가 있었다. 중도에 포기하면 월급을 받을 수 없을 것 같아 간신히 한 달을 채우고 월급 수령과 동시에 그만두게 되었다. 마땅한 기술과 가방끈이 짧은 나에게 주어지는 일들은 대부분 막노동판 잡부 일이었다.

이번에는 다시 진해 PVC에 다니는 둘째 매형 댁을 찾아가 직장을 알아보았다. 지인의 소개로 화장품 외판원, 철공소 노동일, 동방유량주식회사 신축공사장의 노동일 등을 전전하였지만 어떠한 일도 나에게는 맞지 않아 3개월 동안 고생만 하고 다시 고향으로 돌아왔다.

그렇게 고생하며 많은 것을 보고 느끼면서 인생 공부를 하게 된 것이 지금의 나를 있게 한 원동력이 되었다고 생각한다. 험난한 세상을 살아가기 위해서는 무언가 자기만의 전문 기술이 있어야 한다는 것을 그제야 깨달았다.

chapter 2

군인의 길

성격 개조를 위해 해병대에 지원하여

숙기가 없고 쑥스러움을 많이 타는 성격을 개조하고 싶었다. 열차가 궤도를 뛰어넘어 달릴 수 없듯이 조상으로부터 물려받은, 선천적으로 타고난 성품을 과연 바꿀 수 있을까?

1970년 나는 군 입대를 지원하기로 결심한다. 꿈 많은 사춘기 시절 육군보다는 공군이나 해군 장병들의 정장 차림을 평소 동경하였고 군대 생활 또한 그런 곳에서 하고 싶었다. 그 당시 휴가 나온 공군과 해군 장병들의 군복 입은 단정한 모습들이 그렇게 부러울 수가 없었기 때문이었다. 그러던 어느 날 공군 일반병을 모집한다는 정보를 입수하고 나는 곧바로 공군에 지원하였으나 신체검사에서 낙방하였다. 이번에는 해군 지원을 결심하고 부산병무청 앞에 있는 한 대서소를 찾았다. 운명은 여기서 시작되었다. 그때 마침 해병대에서 일반 지원병을 모집하는 것이 아닌가!

대서소 아저씨께서 하시는 말씀이 해군 모집은 앞으로 6개월 후에나 있을 예정이니 차라리 군 복무 기간이 짧은 해병대에 지원하는 것이 어떠냐고 하셨다. 그러나 해병대는 무척 두렵고 망설여졌다. 해병대 훈련은 지옥 훈련이라는 말과 하룻밤도 매를 맞지 않고서는 편히 잠들 수 없을 정도로 군기가 엄하다는 이야기를 종종 들었기 때문에 쉽게 결정할 수가 없었다. 그러나 남들도 다 견디어 내는 해병대 생활을 나라고 못 할쏘냐? 성격 개조와 험난한 경쟁사회에서 살아남기 위해선 강인한 체력과 정신력을 길러야 한다.

성격 개조를 위해서는 해병대 군 생활이 나에겐 절대적으로 필요했고, 평소에 숫기가 없어 여자 같다는 주위 사람들의 놀림을 많이 받아 왔기 때문에 예전부터 성격 개조를 해야겠다고 마음먹고 있던 참이었다.

'그래, 성격 개조를 위해선 군기가 가장 엄하다고 하는 해병대로 가자.'

고민 끝에 해병대에 지원하게 되었다. 대서소 아저씨가 시키는 대로 지원서를 작성하여 제출하고 고향으로 돌아왔다. 며칠 후 시험일자가 동봉된 통지서가 집으로 배달되었다. 시간에 맞추어 시험 장소에 도착하여 떨리고 긴장된 마음을 억제하며 필기시험과 신체검사를 모두 마치고 집으로 돌아와서 기다리고 있는데 두 주쯤 지났을까 배달부 아저씨께서 합격통지서를 건네주었다. 그리고 며칠 후 곧바로 입영통지서가 나왔다. 1970년 5월 26일, 입대 장소인 진해 해병교육기지 사령부 신병훈련소에 1시까지 개별 도착하라는 통지서였다. 하루하루를 초조하게 기다리다 5월 25일 긴장된 마음으로 부산으로 내려갔다.

진해 해병훈련소에 입대하던 날

부산에서 운전을 하고 있는 소꿉친구를 찾아가 이런저런 얘기를 하면서 하룻밤을 꼬박 뜬눈으로 지새웠다. 다음 날 부산진역에서 친구의 배웅을 받으며 쓸쓸히 군용열차에 몸을 실었다. 그날따라 아침부터 가랑비가 내리기 시작하여 보내는 사람, 떠나는 사람들의 마음을 더욱 우울하게 하였다. 1시에 집결지인 진해 해병신병훈련소에 도착하니 훈련병들의 해병 행진곡과 기압소리에 소름이 돋고 가슴이 오싹해졌다.

인원 파악이 끝나고 군대에서 처음으로 접하는 식사 시간인데 같이 입대한 지원병이 부대 급식이 몹시 역겨웠는지 구역질을 하며 토하는 바람에 나 역시 식사도 제대로 할 수가 없었다. 신병훈련소 생활은 날이 갈수록 고단하기만 하였다. 새벽 5시에 기상하여 단독무장으로 아침구보를 하고 하루 종일 제식훈련과 총검술, 사격술 등 사회에서 겪어 보지 못했던 혹독한 훈련을 받았다. 훈련 뒤의 식사 시간은 그야말로 생애 최고의 행복한 시간이었다. 휴식과 식사를 동시에 취할 수 있고 모든 생각을 잊게 하는 순간이기 때문이 아닐까.

온종일 고된 훈련을 받고 하루 일과를 종료하는 밤이면 해병대에서는 순검이라고 하는 점호를 한다. 해병대 순검은 산천초목도 벌벌 떤다는 말이 있을 정도로 훈련병들에겐 생각조차 하기 싫은 지옥 같은 시간이다. 순검구호와 함께 교관 2명이 야구방망이를 끌고 내무실에 들어서는 순간 분위기는 살벌해진다. 인원 파악과 취침상태를 점검하고 암기사항을 물어보는 시간이다.

당직사관과 교관이 "여러분들은 개새끼들이다. 개새끼는 주인이 주면 주는 대로 먹고 주인이 때리면 때리는 대로 맞고 주인이 시키면 시키는 대로 한다. 그래서 여러분은 개새끼다. 앞으로 내말에 절대복종할 수 있겠는가? 조교들이 죽으라고 하면 죽는 시늉까지 하는 자만이 살아서 나갈 수 있다. 나는 여러분들의 성격을 개조하라는 강력한 명령을 받았다. 앞으로 내 말에 절대복종할 수 있겠는가?" 하는 소름끼치는 말과 함께 시작된다.

암기사항에 "잊었습니다."라고 하면 엎드려뻗쳐와 동시에 각목으로 사정없이 내려치는 곤봉 소리와 쪼그려 뛰기 원상폭격이 계속된다. 그래도 주먹질은 하지 않는 것이 다행이다. 매일같이 취침 전 순검점호를 하는데 순검이 끝나고 취침할 때는 그렇게 또 교관들에게 고마울 수가 없다.

입대 첫날에는 군대 음식이 비위에 맞지 않아 토하는 훈련병도 있었지만 한 주, 두 주, 한 달, 두 달이 지나면서 고된 훈련에 지쳐 훈련병들의 눈동자에서는 빛이 나고 악기만 남는다.

왕자식당 식사 시간 1분!

오전에 뼈 빠지도록 고된 훈련을 받고 나면 점심시간이 온다. 인정머리는 물론이고 피도 눈물도 없을 것 같은 냉정한 교관의 "식사 시간 1분!", "식사개시!" 하는 구령이 떨어지기가 무섭게 해병 훈병들이 "감사히 먹겠습니다!" 한다.

병사 1인당 정량이 충분히 나온다는데 쫄따구 피교육자는 항상 배가 고팠다. 복창 끝나기가 무섭게 시금털털한 된장국물, 건더기로 무와 배추 시

래기가 들어 있는 멀건 국물에 밥을 말아서 식판 언저리에 입을 대고 곧바로 들이킨다.

씹는다는 것 자체가 의미가 없다. 교관이 심통 부려서 식사 시간 1분도 못 되어서 "식사 끝!" 하면 "동작 그만!" 해야 하기 때문이다. (사실 단 1분은 군대 규정상 절도 있게 빨리 식사를 끝내라는 의미이다.)

"입에 있는 것 뱉어 내!" 하면 미처 목구멍으로 못 넘어간 입안의 밥을 식통에 뱉어 내야 한다. 아까워서 살짝 넘기면 냉정한 교관이 "밥 넘긴 훈병 그 자리에 꼬라박아!" 한다. 속으로는 '그래 평생 교관이나 해 처먹어라!' 하기도 한다. 그러나 세월이 한참 흐르고 난 후에는 그런 시절이 군대 생활의 그리운 추억으로 남아 있다. 당시 해병 226기 소대장 정○식. 교관 김○배. 옥○호 얼마나 악독한 교관들이었는지 지금도 기억이 생생하다.

여기서 잠깐 훈련기간 동안 잊을 수 없었던 몇 가지 기억들을 더듬어 보고자 한다. 지금은 그때 일들이 아름다운 추억으로 남아 있지만 그 당시는 지옥과도 같은 생활이었다.

하루는 순검 전에 잠깐 자유시간이 있어 너무 배가 고파 매점에서 빵을 몇 개 사 들고 나왔다. 그런데 선배 훈련병들이 기다리고 있다 덮쳐 다 빼앗겨 버리고 배고픔을 견뎌야 했다. 누구에게 하소연 한번 해 보지 못했다.

돈이 있어도 매점도 제대로 이용할 수 없는 신세가 바로 신병훈련소 훈련병들의 신세였다. 그리고 일요일 아침이면 항상 라면이 나왔다. 실무 선배들이 식사를 하고 난 후 훈련병들이 식사를 하기 때문에 잔반통에는 항상 선임 수병들이 먹다 버린 라면이 쌓여 있었다. 그럴 때면 배고픈 훈련병들이 서로 잔반통을 뒤져 식통에 끌어 담아 수돗물에 헹구어 배를 채우기 일쑤였다. 잘 먹어서 문제가 되는 현대인들이 과연 이런 시절을 이해할 수 있을까.

훈련소에서 훈련보다 더 견디기 어려운 고통이 배고픔이었다.

팬티바람 선착순

어느 날 순검을 마치고 깊은 잠에 곤히 빠져 있는데 갑자기 불침번이 "연병장에 집합!"이라며 총 기상을 시켰다. 영문도 모르고 팬티바람에 군화를 신은 놈, 맨발인 놈, 바지를 입고 나온 놈 등 그야말로 가관이었다.

오랜만에 팬티바람 선착순 구령 한번 회상해 볼까?

'호루라기소리 휘~익. 휘~익 가~악 분대 또는 소대 그대로 들어~! 지금 병사 떠나면 연병장에 팬티바람 선착순 총원 집합한다. 초~옹 병사 떠나.'

동작이 느려서 선착순 후미에 줄을 서게 되면 곤봉으로 맞고 원산폭격 쪼그려 뛰기 하고 또 선착순 돌려지고….

또 어느 하루는 연병장에서 소대원 모두가 기압을 받았다. 악질 교관으로 소문난 김○배 교관이 이를 뿌드득 갈면서 주전자에 ○○을 담아 눈감고 하늘을 바라보게 한 뒤 ○○을 한 모금씩 입에 붓고서는 〈고향이 그리워도 못 가는 신세〉를 부르게 하는 것이 아닌가! 사회에서는 상상조차 할 수 없는 비인간적인 행위에도 절대복종인 군대이기에 반항 한번 하지 못하고 기압을 받으면서도 이것이 바로 악을 기르고 강인한 정신력을 기른다는 옳은 해병대의 훈련일까 의문을 품기도 했다. 지금은 민주군대라 그런 일이 없지만. 여기서 잠깐, 기압에 대해 말이 나왔으니 하나만 더 언급해 보겠다. 하루는 훈련병이 야간 초소 근무 중 잠깐 조는 순간 군대에서 생명이나 다름없는 병기를 순찰 중인 교관이 가져가 버렸다. 곧바로 비상벨이 울리며 곤히 잠든 새벽 2시에 연병장에 집합하라는 구령이 떨어졌다.

하루 일과에 지쳐 깊이 잠들어 있던 훈련병들은 무슨 영문인지도 모르고 허둥지둥 일어나 팬티만 입고 눈을 비비며 달려 나갔다. 그것도 선착순이었다. 곧바로 정신통일 구호와 함께 연병장 몇 바퀴를 도는 단체 기압을 받기도 하였는데 군대에서 생명과도 같은 소총을 근무병이 잠깐 졸면서 잃었으니 그 결과는 감히 상상만 하여도 짐작이 갈 것이다.

한 사람만 잘못하여도 단체 기압인 군대 생활. 억울할 때도 많지만 때로는 재미도 있는 신병훈련소 생활이 그립기도 하다.

마산 벽암지 유격장으로

아! 눈물고개여.

신병훈련이 끝날 때쯤 적지나 전열 밖에서 그때그때 형편에 따라 적을 기습적으로 공격하기 위해 신병훈련소에서 수료를 하기 위해서는 필수적으로 받아야 하는 유격훈련을 수료해야 한다. 해병대 유격훈련은 상륙작전을 교두보로 해병대원이 산악 국지전을 고도로 수행하기 위해 실시하는 훈련이다.

기본적으로 록클라이밍을 포함한 고등유격과 생식 훈련, 외줄타기, 하선망 훈련, 고문 저항, 부비트랩 사용법 등의 교육을 강도 높게 받는다. 험난한 교육을 받기 위해 눈물고개를 넘어 유격훈련장을 향해 행군하는 훈련병들은 공포에 질려 꼭 도살장으로 끌려가는 소 신세와 같다고 해도 과언은 아닐 것이다. 흙탕물에서 낮은 포복과 높은 포복으로 철조망 통과를 수차례 반복하다 보면 군복은 완전히 흙탕물로 흠뻑 젖는다. 그렇게 오전 훈련이 끝나면 젖은 군복을 인근 저수지에서 빨아 입고 다시 오후에는 벽암지 유격장으로 이동한다.

벽암지 유격장의 등반등선훈련은 미끄러지면 바로 제대 아니면 장기입원이고 수직 라펠교장은 밑에서 보면 괜히 설레지만 일단 올라가면 아니라는 생각이 든다. 유격훈련은 고되기도 하고 배도 엄청 고프다. 야간에 철조망 밖에서 빵이나 간단한 음식물을 판매하는 이동 주부들에게 허기를 면하기 위해 빵을 사다 교관에게 적발되어 단체 기압을 받은 일이 지금도 생생히 잊히질 않는다.

구보의 하이라이트 천자봉 구보

훈련소에서는 행군하는 것 외에는 걸어 다니지를 않았고 3보 이상은 구보였다. 쉴 때도 앉아서 쉬지 못하고 서서 쉬었다. 그래도 진해훈련소 구보의 하이라이트는 천자봉 구보다.

천자봉은 높이가 500m 정도로 밑에서 보면 평범해 보이지만 가파르고 산새가 험악해 구보로 오르기에는 매우 힘든 산이다. 진해훈련소에서 보면 정상에 하얀 글씨로 '해병혼'이라고 표시되어 있다. 이곳 정상에 오르는 천자봉 구보는 훈련소를 수료하기 바로 전에 한다. 이때 가장 힘들었던 것은 M1소총으로 대검을 꽂지 않은 상태에서 무게가 4.3kg이라 하니 대략 어느 정도의 무게인지 짐작이 갈 것이다. 이 무거운 소총을 그나마 어깨총이라도 하고 뛰라면 좀 낫겠는데 앞에총 자세로 몇 시간씩을 뛰니까 양팔은 늘어지고 물이 가득 찬 수통은 허리춤에서 덜렁거리고 철모는 파이버가 잘 안 맞아 빙빙 돌면서 한 걸음 뗄 때마다 턱턱 머리통을 치고 힘들어서 숨은 콱콱 막히고 정말 죽는 줄 알았다.

구보가 끝난 뒤에 서로의 얼굴을 보면 너 나 할 것 없이 흘러내린 땀에 흠뻑 젖어 있는 모습들이 안쓰러워 보였다. 중도에 부상자가 한두 명 발생하여 앰뷸런스에 실려 가기도 했지만 나는 할 수 있다는 강인한 정신력으로 낙오하지 않고 천자봉 구보도 동료들과 함께 무사히 마쳤다. '할 수 있다'와 '없다'는 정신력의 차이라고 생각한다.

신병훈련소 수료식 날

어느덧 지옥과도 같은 신병훈련이 끝나고 수료식 날이 밝았다. 항상 마음속으로 가족과 친구들이 면회를 오면 무슨 음식을 만들어 올까 무척 궁금하였다. 훈련소 생활 중 가장 먹고 싶었던 음식이 자장면이었다. 왜 그렇게도 자장면이 먹고 싶었는지 지금도 알 수 없지만 휴가 가면 자장면이나 실컷 먹어 보는 것이 당시 소원이었다. 그러나 기다리던 부모님의 모습은 보이지 않았고 진해에 거주하시는 누님과 매형 두 분의 모습만 보였다. 누님은 통닭구이와 불고기, 갈비찜, 찰밥에 집에서 정성 들여 만든 다양한 반찬들을 많이 준비해 오셨다. 몇 개월 동안 먹지 못했던 음식들을 마음껏 먹어 보는 시간이 마냥 즐겁기만 하였다. 자장면이 없어 좀 아쉽기는 하였지만 황금 같은 면회시간도 눈 깜박할 사이에 지나가고 병과별로 후반기 교육을 받기 위해 정들었던 훈련소를 떠나 각자 배치된 부대로 떠나면서 석별의 정을 나누었다.

나는 해병대에 그 누구도 아는 사람이 없었지만 운 좋게 통신병과를 받았다.

국군의 날 행사에 차출되어

신병훈련소 수료식이 끝난 후 통신 병과 교육을 받기 위해 진해 통신교육대에 입소하였다. 넉 주간의 유선통신교육을 받고 수료식을 하던 날, 10월 1일 국군의 날 행사에 차출되었다. 훈련은 여의도 광장에서 육군, 해군, 공군, 해병대, 여군, 예비군 등이 함께하는 합동훈련이었다.

지금은 국군의 날이 많이 축소되어 공휴일도 아니고 행사도 방송에서 안 하며 시가행진도 없지만 1970년대엔 지금과 상황이 많이 달랐다.

국군의 날 행사는 분열, 격파 시범, 공중낙하, 시가행진, 신무기 소개 등으로 꾸며져 있었다. 하루짜리 행사지만 이를 위해 군은 국군의 날 행사단을 꾸렸고 국군의 날 제식사령부를 만들었다. 한 달 전부터 여의도 주변엔 각종 군장비와 군용막사가 차려졌다. 행사 장병들은 하루 종일 사열 분열 연습에 다리가 후들거렸고 무릎 연골을 다치는 장병도 많았다.

3부 요인과 내외귀빈 등 많은 인사들과 관중들이 참석한 가운데 구령에 맞추어 사열대를 지날 때 절도 있는 해병대의 씩씩한 모습에 많은 관중들의 박수와 함성이 터져 나왔다. 사열식에서는 절도 있는 해병대가 해마다 일등을 하였다.

그러나 국군의 날 행사의 꽃은 시가행진이다. 기념식을 마친 뒤 육해공 해병대 장병들은 서울 시내 한복판을 행진하였다.

　시가행진으로 인해 10월 1일 하루는 서울 도심이 마비되기도 하였으며 당시엔 연예인 시민들이 시가행진하는 장병들에게 꽃다발을 걸어 주기도 하였다. 당시 국군의 날 행사는 국가가 주최하는 최대 규모 이벤트였다. 하이라이트인 시가행진을 보기 위해 많은 사람들이 시청 앞 광장으로 모여들었다.

　하루 행사를 위한 한 달간의 지옥훈련은 상상조차 하기 싫은 힘든 훈련이었다. 신병훈련소에서는 동기들만 함께 훈련을 받았지만 여의도 국군의 날 행사 3군 합동훈련장에는 훈련소를 막 수료한 이병부터 제대를 몇 개월 앞둔 병장, 하사관까지 모두가 임시막사를 사용하면서 내무생활을 함께해야 했다. 신병훈련소에서 막 합류한 졸병들의 신세는 비참하기 짝이 없었다. 매일 식사 당번에 불침번 주말이면 선임 수병들의 세탁, 병기 손질 등 손발이 열이라도 부족할 정도로 분주하였으니 죽고 싶은 마음과 시간만 나면 탈영하고 싶은 마음뿐이었다.

　하루는 전체 기압을 받는데 내무반장인 하사관이 분대원들을 침상에 일렬횡대로 세우고 기압이 빠졌다고 옥수수를 몽땅 털어 버리겠다면서 오른쪽에서부터 한 사람씩 입을 꽉 다물게 하고 주먹으로 어구창을 힘껏 쳐 나오는 것이 아닌가! 사지가 벌벌 떨렸다. 곧바로 내 앞에 다가와서 "입 꽉 다물어." 하는 순간 번갯불이 번쩍하며 머리가 빙 돌 정도로 왼쪽 아구창을 힘껏 쳤다. 입안이 터져 며칠 동안 식사도 제대로 할 수가 없었다. 지금 시대 같으면 구타 행위로 처벌을 할 수도 있지만 그 당시는 병신이 되어도 누구에게 하소연 한번 할 수 없었다. 그래도 주말이면 시간적인 여유가 있어 고참병들은 잠깐 외출도 하지만 졸병들은 종일 선임 수병들의 밀린 세탁물을 빨며 바쁘게 주말을 보내야만 했다.

하루는 일병 두 명이 병장들의 지시를 받고 자정이 조금 지났을까 여군 병사에 침입해 내무실에 세탁해 놓은 여군들의 팬티를 훔쳐 나오다 불침번에게 적발되어 단체 기압을 받은 일도 있었다. 그렇게 공식행사가 끝나고 대학로 동성고등학교 운동장에 집결하여 해단식을 마치고 해병대 제1사단인 포항으로 이동하였다.

월남전 차출 명령을 받고

포항 제1상륙사단에 도착하여 보충대에서 긴장된 마음으로 야간근무도 없이 일주일을 보냈다. 한창 꽃다운 청춘인데 생각지도 않은 월남특수교육대에 입교하라는 차출 명령이 해병대 사령부로부터 내려왔다. 선임 하사로부터 곤뽕(소지품과 피복류)을 반납하고 월남파병특별교육대에 입교하라는 말을 듣는 순간, 앞이 캄캄하며 하늘이 무너지는 것 같았다. 할 말을 잃고 한동안 정신없이 멍하니 서 있다 정신을 차려 보니 꿈이 아닌 생시가 분명하였다. 입대한 지 6개월밖에 되지 않는데 전쟁터로 가라니 기가 찰 일이다. 그러나 명령에 살고 명령에 죽는 것이 바로 군대 아닌가! 죽을 각오를 하였다. 언제 죽어도 한 번 죽을 목숨, 나라를 위해 전쟁터에서 군인답게 목숨을 바치는 것 또한 영광이요, 살고 죽는 것은 운명에 맡기겠다고 결심하니 마음이 한결 가벼워지고 두려움도 없어졌다.

선임 하사의 지시대로 월남교육대에 입교하여 신병훈련소에서 지겹게 받았던 각개전투부터 시작하여 철조망 통과, 수류탄 투척, 총검술, 주야간 사격훈련 등 혹독한 야전 훈련은 실전을 방불케 하였다. 신병훈련소나 국군의 날 행사훈련은 이 훈련에 비교되지 않을 정도로 혹독한 훈련이었다.

파월 소식을 전해 듣고 하루는 고향의 어머님과 동생이 면회를 왔다. 어머니를 보는 순간 나는 어머니와 동생을 끌어안고 한없이 눈물을 흘려야만 했다.

"어머니 꼭 살아 돌아올게요. 염려 마십시오. 1년만 기다려 주십시오!" 하고 어머니와 동생을 안심시키고 돌아서서 뒷모습을 보노라니 영원히 만나지 못할 것만 같은 불길한 예감에 발걸음이 떨어지질 않았다. 죽음에 대한 두려움과 공포감이 엄습해 왔지만 피할 수 없는 운명 앞에 모든 것을 맡겨야 했다.

전쟁터로 떠나던 날

삼천만의 자랑인 대한해병대
얼룩무늬 번쩍이며 정글을 간다.
월남의 하늘 아래 메아리치는
귀신 잡는 그 기백 총칼에 담고
붉은 무리 무찔러 자유 지키며
삼군에 앞장서서 청룡은 간다.
- 〈청룡가〉 중에서 -

1970년 11월 17일 청룡 6진23제대로 군용트럭에 몸을 싣고 월남전선으로 장도에 오르기 위해 부산 3부두로 이동하였다. 3부두에는 이른 아침부터 많은 내외신기자들 환송식을 위한 내외귀빈들과 가족들이 나와 무척 분주하였다. 간단한 의식이 끝나고 떠나기 직전 〈청룡가〉와 〈잘 있어라 부산항구〉를 마지막으로 부를 때 3부두는 온통 울음바다가 되어 버렸다. 떠나는 마음, 보내는 마음 만감이 교차하는 3부두에는 장병들의 아픈 사연을 아는지 갈매기도 구슬프게 울음을 터뜨리고 갑판 위를 날며 모두의 마음을 더욱더 슬프게 하였다. 돌아오지 못할 마지막 길이 될지도 모른다는 불길한 예감이 자꾸만 들기 시작하여 눈물이 앞을 가렸다.

뱃머리를 돌리면서 배는 천천히 움직이기 시작하였고 뱃고동 소리와 함께 오륙도를 벗어나 5박 6일이란 긴 항해에 올랐다. 전쟁터에 싸우러 간다고 생각하니 마음이 몹시 착잡하였다. 그것도 살아서 돌아오기 가장 힘들다는 청룡부대로. 오륙도를 벗어나니 보이는 것이라곤 끝없이 펼쳐지는 태평양 바다와 가끔씩 갑판 위를 날고 있는 갈매기 떼뿐이었다. 가도 가도 끝이 없는 태평양 바다. 멀리서 간혹 고기 잡는 어선들의 불빛과 산더미같이 밀려오는 파도만 멍하니 바라보았다. 3부두를 떠난 지 3일 정도 되었을까, 갑판 위에 올라가니 열대지방 적도가 가까워지는지 한국의 엄동설한의 매서운 겨울 날씨와는 달리 이마가 따가우며 얼굴이 탈 정도로 태양열이 뜨거워지기 시작하였다.

가도 가도 끝이 없는 머나먼 이국전선 월남 땅을 향해 정든 고국을 뒤로한 채 떠난 지 4일째. 뱃멀미는 점점 심해지기 시작하였다. 차멀미와는 비교할 수 없을 정도로 먹고 나면 다 토해 버리고 기진맥진 쓰러질 지경이었다. 선임 수병들이 준비해 온 오징어다리를 씹으면 멀미가 약간 진정되곤 하였다.

뱃멀미에는 약보다 더 좋은 것이 오징어라는 것을 그제야 알게 되었다. 밤낮없이 5박 6일간의 긴 항해 끝에 월남 캄란만에 무사히 입항하였다. 말로만 듣던 월남전쟁. 밝은 대낮에도 조명탄이 하늘 높이 떠 있고 여기저기서 총성과 포성이 그칠 줄 몰랐다. 가슴이 오싹해지고 소름이 끼쳤다.

캄란만에 상륙하여

부산항 3부두에서 장도에 올라 5박 6일간의 항해 끝에 칸호아성 동남단 난추아성과의 경계선에 위치하는 중부 월남 최대의 요항인 캄란만에 상륙하였다.

인솔부대장이 전투에 필요한 무기들을 개인별로 모두 지급하였다. M16 소총, 실탄과 탄창, 총알을 막아 준다는 방탄복, 수류탄과 조명탄, 철모를 받았다. 지급이 끝나자 인솔부대장이 말했다. "여기는 전쟁터다. 지금부터 호이안까지 이동하는데 어디서 적들이 나타날지 모른다. 먼저 실탄을 장전하고 전방경계를 철저히 하라. 적이 나타나면 당장 뛰어내려 싸워야 한다. 전쟁터에서는 적들을 내가 먼저 죽이지 않으면 내가 죽는다. 해병이 가는 곳은 오직 승리뿐이다."

그리고 곧바로 우리는 수송부에서 지원한 트럭에 분대별로 승차를 하고 에스코트의 호위를 받으며 호이안으로 이동하였다. 호이안까지 가는 도로 주변에는 적들의 기습을 막기 위해 청룡장병들이 여기저기서 매복근무를 하고 있었다.

운명의 날(생사의 갈림길에서)

호이안은 다낭에서 남쪽으로 약 30㎞ 떨어진 부글라강 어귀의 남중국해 연안에 위치하고 있는 지역이다. 한 달 동안 밤낮으로 현지전술훈련을 받고 부대에 배치되었다. 기본적인 교육과 훈련은 베트콩 및 월맹군의 기본 전술, 각종 동굴 및 지하 벙커, 지하 진지, 지뢰 및 부비트랩, 동굴 탐색에 관한 전술과 실전 훈련이다. 가는 곳마다 포탄이 여기저기 떨어져 흉물스러운 잔해로 남아 있고 발에 밟히는 것이 온통 탄피로 끔찍하고 소름이 돋았다.

전술훈련이 끝나자 부대배치가 시작되었다. 생사의 갈림길이 바로 여기서 결정된다. 운명의 기로에서 숨을 죽이며 보병중대만 면하기를 간절히 기도했다. 통신병이지만 통신 중대가 아닌 보병소총소대로 명령이 나면 살아서 돌아갈 확률은 희박하다. 보병들과 같이 통신병으로 작전에 참가해야 하기 때문에 유사시 적들의 목표물이 바로 지휘관과 통신병, 의무병이다.

청룡부대는 육군과 달리 월남에서도 최전방 고지에서 매일같이 전면전 또는 동굴탐색 작전을 하기 때문에 전사자가 많이 발생하는 부대다. 그러나 특과부대인 통신본부나 포병대대 중포중대에 배치되면 비교적 안전하다. 포병대대는 작전이 없고 후방에서 포 지원사격만 하기 때문에 가장 안전한 부대로 월남에서 널리 알려져 있었다. 통신병으로서 죽느냐 사느냐는 부대배치에 달려 있기 때문에 부대배치는 생사를 결정짓는다고 해도 과언이 아니다.

현지 적응훈련이 끝나는 날, 장병들은 부대배치를 받기 위해 모두 긴장된 마음으로 연병장에 집합하였다. 드디어 부대를 배치하는 운명의 시간이 돌아왔다. '하느님 제발 보병 소총소대만 제외되게 해 주십시오'라고 나는 마음속으로 간절히 빌고 또 빌었다.

보병 5대대 25중대 호명이 시작되었는데 명단에서 제외되고 청룡여단본부 통신대에 배치되기를 간절히 바랐지만 거기에도 명단은 없었다. 다음은 보병 3대대 10중대. 여기 보병소대만 제외되면 가장 안전하다는 포병대와 중포중대만 남는데 운명은 여기에 달려 있다. 숨이 멎을 듯한 긴장감과 초조함 속에서 보병소대에만 제외되기를 간절히 빌었다. 다행히 운명의 여신은 나의 손을 들어 주었다. 중포중대로 명령이 떨어지는 순간, '이제 살았구나.' 하며 안도의 한숨을 내쉬고 참았던 눈물이 두 볼에 주르륵 흘러내렸다. 한 편의 드라마 같은 순간이었다.

악몽 같은 전입 신고식

중포중대에 전입하던 날 나는 동기 한 명과 전입신고식을 하기 위해 밤 11시경 선임 수병 내무실로 호출되었다.

귀국을 목전에 둔 병장과 눈길이 마주치는 순간 소름이 끼쳤다. 월남생활에 악만 남아 해골처럼 뼈만 앙상히 보이는 월남 고참병에게 전입신고를 하려고 하니 다리가 후들거리고 가슴이 벌벌 떨려 입이 열리지 않았다.

"용기를 내어 신고합니다! 해병 홍길동 외 1명은 중포중대 통신대로 전입되었음을 신고합니다." 하는 순간 침상에서 내려와서는 "쫄따구들이 기압이 빠질대로 빠졌어, 오늘 밤에 내가 기압 좀 넣어 줄게." 하면서 "입 꽉 다물어 옥수수를 몽땅 털어 버리겠어." 이를 뿌드득 갈면서 사정없이 왼쪽 어구창을 주먹으로 둘러치더니 "쫄따구 새끼들이 기압이 빠질 대로 빠졌어. 꼬라박아. 일어서. 다시 꼬라박아 일어서."를 몇 차례 반복하고는 "동작 좀 봐라. 우로 취침. 좌로 취침."을 몇 차례 더 하더니 "오늘밤에 타작 좀 해 볼까? 소출이 얼마나 나는지?"라는 소름 돋는 말을 하고서는 엎드려뻗쳐를 시키고 각목으로 엉덩이를 무려 수차례 후려치는데 엉덩이가 붓고 피멍이 들어 걸을 수도 없었다.

며칠간 화장실도 가기 힘든 상태에서 입안까지 헐어 식사도 제대로 못하는 구타를 당하며 설움에 눈물도 많이 흘렸다.

중포중대는 보병처럼 작전은 하지 않지만 보병들의 작전이 있을 때 4.2인치 중포를 후방에서 지원하는 부대이다. 그러나 부대방어를 위해 철조망 밖 야간 매복은 일주일에 2~3번씩은 나가야 하기 때문에 언제 로켓포와 부비트랩에 의해 목숨을 잃을지도 모른다는 두려움이 계속되는 상황 속에서 받는 스트레스는 엄청났다.

야간 매복 작전을 나가는 날이면 분대원 전원이 전신에 모기약을 발라야한다. 월남 모기는 한국 장병들의 피를 무척 좋아하기 때문이랄까. 그러고는 완전무장을 해야 하는데 M16 소총에 방탄복과 철모, 수류탄, 크레모아, 판초, 야전삽, 조명탄, 모포, 실탄 500~600발을 준비하고 땅거미가 질 때면 부대를 출발하여 야간 매복 지점으로 이동한 후 호를 구축하고 전방에 크레모아를 설치한다. 적들의 동향이 보일 때 즉각 대처할 수 있도록 준비를 마치고 졸면 죽는다는 구호를 새기며 날이 밝을 때까지 뜬눈으로 근무를 하고 이른 아침에 철수하게 된다.

그러나 3개월간 매복을 나갔지만 단 한 차례도 베트콩과 직접교전은 일어나지 않아 다행히 목숨을 유지할 수 있었다. 낮에는 주로 상황실 근무를 하면서 식사 당번에 병기손질 철조망 작업, 사냥 작업 등으로 바쁘게 졸병 시절을 보냈다. 6개월이 지났을까 월남에서 최전방이라고 하는 고노이 지역으로 다시 전출 명령이 내려왔다.

졸병 생활의 하루 일과

아침 식사 당번, 오전 상황실 근무(무선, 유선통신), 오후 사냥 작업, op 관망대 근무, 병기 손질 및 취침. 야간 매복 근무, 외곽초소 근무(10시간).
월남전에서 정글을 누비며 베트콩과 실전을 벌이는 부대는 보병 전투중대뿐이다. 중포중대는 중포(4.2인치) 지원사격이 주 임무다.

월남은 열대성 기후로 두 계절로 구분된다. 건기철과 우기철. 건기는 3월부터 10월까지 8개월로 비가 내리지 않고 태양열은 몹시 강하게 내리쬐아 한낮에는 거의 활동을 하지 않고 낮잠을 자고 밤에는 외곽초소 근무를 교대 없이 올나이트로 해서 대부분 낮 시간대에 수면을 보충한다. 정오엔 30~40도까지 오르는 열대기후다. 우기는 11월부터 2월까지 약 4~5개월로

비가 너무 많이 내려 홍수가 자주 나며 아침저녁에는 제법 쌀쌀하다. 농사는 일부 건기를 포함 2모작에서 3모작까지 한다.

모래사장에 사낭으로 구축한 병사에는 밤이나 낮이나 도마뱀이 천장을 기어 다니고 밤새 쏘아대는 총성과 쉴 새 없이 뜨고 내리는 헬리콥터의 소음은 전쟁터의 공포심을 불러일으키며 낮에는 틈만 나면 팬티바람으로 호를 파고 샌드백을 쌓아 진지와 내무반을 구축하는 작업에 지치고 밤이면 매복 근무와 초소 근무에 수면 부족으로 지친다. 야간 매복을 나갈 때면 걸어가는 길목마다 보이지 않는 부비트랩 선이 나무와 나무 사이에 연결되어 있지나 않을까 조심스레 매복 장소까지 가야 한다. 그래도 인계철선 부비트랩은 압력식 부비트랩보다야 조금은 살상률이 낮다고는 하지만 이건 연습도 아니고 현실이다.

밤새도록 뜬눈으로 매복 근무를 마치고 다음 날 날이 밝아지는 이른 새벽이면 철수한다.

가끔 OP 관망대 근무도 한 번씩 하는데 고도에서 망원경으로 철조망 밖을 관찰하여 적들의 동태를 살피고 상황실에 전하는 임무를 수행할 때가 가장 행복한 시간이다.

베트콩의 적지 고노이섬에서

베트콩의 적지 고노이섬. 이 지역은 20년 동안 공산군의 아성이었다. 다낭 남쪽 20㎞, 호이안에서 서쪽으로 7㎞ 지점에 있는 이 섬은 다낭과 호이

안을 공격하는 베트콩과 월맹군의 총본부가 도사리고 있는 지역이다.

고노이섬은 청룡부대가 호이안 지역으로 이동하기 전까지 베트콩의 소굴로서 감히 손을 댈 수 없는 지역으로, 월남군이나 미군도 작전해 본 적이 없는 그네들의 요새이기도 한 지역에 4.2인치 중포파견대 통신병으로 배치 명령이 났다.

2~3일이 멀다 하고 중대본부에 떨어지는 포탄에 노이로제가 걸릴 정도로 하루도 편히 잠을 이룰 수 없었다. 낮이면 상황실 근무와 식사 당번을 하고, 호이안에서와 마찬가지로 사냥 작업, 포탄박스 분해 작업 등 고달픈 졸병 생활로 하루하루가 어떻게 지나가는지 모르게 바쁜 시간을 보내야만 했다.

그러나 가장 힘들었던 고통은 선임 수병들의 괴롭힘이었다. 일주일에 1~2번씩 밤 12시만 되면 탄약고로 집합시켜 선임 수병들의 구타와 기수 빠따에 하루도 마음 편히 잠을 이루는 날이 없었다. 아무런 잘못도 없는데 기압이 빠졌다고 구타를 당할 때도 많았다. 그래서 월남에서는 자대 총기사고가 한국에서보다 더 많이 발생하였다.

그러나 그것보다 더 괴로웠을 때는 전우들이 아침에 동굴 탐색

베트콩의 적지 고노이섬에서

작전을 나간다며 손을 흔들고 떠났는데 며칠 후 판초에 싸여 싸늘한 시신으로 돌아올 때가 가장 마음 아팠다. 이팔청춘의 꽃다운 나이에 머나먼 이국 전선에서 나라를 위해 싸우다 전사한 전우들을 생각하면 지금도 가슴이 아프다.

하루는 점심시간에 배식을 하기 위해 식통을 들고 연병장을 지나는데 보병 쫄따구 세 명이 모여 앉아 무언가 열심히 닦고 있었다. 자세히 보니 사람의 이가 아닌가! 깜짝 놀라 "지금 무엇을 하고 있냐!" 물었더니 선임 수병들이 작전 가서 빼 온 베트콩들의 이를 귀국할 때 목에 걸고 간다고 시켜서 한다고 하였다. 전쟁의 비참함에 소름이 돋았다.

(참고로 당시 베트남에 파병된 한국 군인 이병의 월 전투수당이 51.11달러, 미군 이병이 235.15달러였다.)

싸웠노라! 이겼노라! 돌아왔노라!

승리의 깃발로 뒤덮인 아침
조국의 하늘은 맑게 피었네!
불러라 강산을 진동한 노래
죽음을 이기고 돌아온 용사
산천도 초목도 반겨 맞는다.
아~ 자유의 태양이 빛나는 나라
승리의 길을 돌아온 용사
- 〈청룡가〉 중에서 -

1972년 2월 7일 주월한국군 철수 관계로 15개월간의 파병근무를 무사히 마치고 꿈에도 그리던 고국 땅으로 돌아가기 위해 귀국선에 몸을 싣게 되었다. 길고 긴 항해는 올 때와 같은 코스로 되도는 멀고 먼 길이었다.

그래도 귀국선이라서인지 부산항에 도착하는 일주일 동안 선내에서는 점호 한 번 없었고 파월될 때 수시로 행하던 함상 비상훈련도 딱 한 번 실시하고는 그만이었다. 파월 당시는 처음 배 위에서 배식하는 양식에 3

귀국 날짜를 기다리며

일쯤 되니 뱃멀미와 설사하는 장병들도 대다수였으나 귀국 배에서는 미군들 대신 한국 군인이 배식을 담당했고 김치는 물론 무된장국까지 하루 한 번씩 나왔다.

안테나를 뽑고 갑판 위에서 소니 라디오를 틀면 미군 방송과 일본 방송이 간간히 들린다. 선내 PX에서는 캔 맥주도 팔았다. 저녁마다 상영되는 영화를 보고, 선실 내 침대에서 서로 이야기꽃을 피우며 며칠 후면 당도할 고국 얘기에 가슴이 설레기도 하였다.

항해 중 고국에서 아직도 복무 기간이 남아 있는 장병들에게는 전입할 부대의 명령서가 하달되었는데 나는 6여단 백령도로 전입 명령이 나 있었다.

백령도는 도서 전방 지역으로 NLL에서 육지로 침투하는 북괴군을 방어하는 임무를 수행하는 최전방 부대이다. 포항 해병 상륙사단에 도착하여 귀국휴가증을 받아들고 신병훈련소 입대 후 2년 만에 첫 휴가로 꿈에 그리던 고향을 찾게 되었다.

혹독한 해병대 생활

눈 깜박할 사이 7일간의 귀국휴가를 마치고 백령도 해병 도서부대로 가기 위해 인천 연안 여객터미널에 도착하였다. 백령도는 인천에서 북서쪽으로 191.4㎞ 떨어진 서해 최북단의 섬으로 북한과 가장 가까운 위치에 있다.

당시는 배편이 좋지 않아 하루에 한 차례 태풍경보가 내리면 2~3일 길게는 일주일씩 배가 뜨지 않았다. 그 당시 여객선은 황진호로 기억한다. 조그마한 여객선을 타고 정확한 시간은 잘 기억나지 않지만 12시간 정도 소요된 것으로 기억한다. 지금은 쾌속선으로 4시간 정도면 갈 수 있다.

백령도에 도착하여 통신 중대에 전입신고를 하고, 그날 밤 자정이 조금 지났을까 내무실에서 곤히 잠들어 있는데 불침번이 깨워서 일어나니 전역을 앞둔 병장이 두 명 있는데 그중 가장 악질이라고 하는 병장이 다짜고짜 "이 새끼 월남 가더니 기압이 빠질 대로 빠졌어. 돈은 얼마나 벌어 왔어?" 하면서 기압을 좀 넣어야 되겠다고 엎드려뻗쳐와 동시에 각목으로 몇 대 내리치고는 사정없이 주먹으로 가슴을 수차례 구타당했다. 나는 결국 바닥에 쓰러지고 말았다. 그들은 "이 새끼가 무슨 엄살이야. 일어서지 못해?" 하면서 고함을 쳤다. 겨우 몸을 가눠 일어서자 이번에는 군화로 내 정강이를 후려

무적 해병이 되자

찼다. 그렇게 통증이 심할 수 없었다. 이후에도 선임 수병들의 구타와 괴롭힘에 견디지 못하고 결국 심한 감기를 앓은 후 축농증을 핑계로 죽는 시늉을 하면서 엄살을 부려 운 좋게 국군수도통합병원으로 후송되었다.

국군수도통합병원에서 약 3개월간 병원 생활을 하고 이번에는 연평도로 배치되어 남은 군 생활을 통신 중대 수신소에서 고참병생활을 하면서 무사히 군 생활을 마치고 만기 전역하였다. 당시 나는 해병대를 지원하겠다는 젊은이들이 있다면 도시락 싸들고 다니면서 말리겠다고 입버릇처럼 되뇌었다. 성격 개조도 좋지만 정말 그 당시 해병대는 누구에게도 권유하고 싶지 않은 지옥과도 같은 생활이었다.

"심술궂은 선임 수병께 '빠따'도 많이 맞았소. 배고프고 손발 시려 나 정말 못 살겠어요." 악마 같은 훈련에도 이 몸은 살아왔는데 성격 개조하겠노라 지원했던 해병대였지만 제대 후 1년 2년이 지나니 타고난 천성은 크게 변하지 않고 다시 원래대로 돌아왔다.

인생 제 2막

chapter 3

호텔리어의 길

조리사의 꿈을 안고

배고픈 시절, 전역 후 마땅한 직장을 구할 수 없어 고민하던 중 어느 날 우연히 한국일보 신문 하단에서 한 광고를 접하게 되었다. 3개월 반 과정을 수료하면 조리사 면허증을 취득할 수 있다는 광고였다. 그 광고를 본 순간 나는 조리사라는 미래를 생각하게 되었고 그 길을 택하기로 결심하였다. 조리사 면허증을 취득하면 식당 운영도 할 수 있고 또 장래 호텔 주방장도 될 수 있다는 1석 2조의 생각이 문득 떠올랐다.

가을 농번기가 끝나자 나는 조리사가 되기 위한 부푼 꿈을 안고 농사지은 쌀 한 포대를 등에 지고 서울 건설 현장에서 일하시는 이종사촌 형님 댁을 가기 위해 이모님을 따라나선 것이 직업 조리사가 되기 위한 첫걸음이었다.

이종사촌 형님은 신림동에서 건설 현장에 다니며 조그마한 단칸 셋방에서 1남 2녀의 자녀들과 함께 하루하루를 어렵게 살아가는 형편이었다. 나는 첫 객지 생활이라 갈 곳이 마땅치 않아 염치를 불고하고 이모님과 함께 이종사촌 형님 댁에서 며칠을 지냈는데 시간이 지날수록 형수 눈치가 보였다. 지인 소개로 복덕방을 통해 산 중턱에 허름한 하꼬방을 하나 마련하고 자취 생활을 시작하였다.

방문만 열면 바로 연탄아궁이가 있고 부엌조차 없는 식사만 해결할 수 있는 작은 단칸방인데 시골에서 매월 보내 주는 쌀과 찬으로 끼니를 때웠다.

식사 해결도 어려운데 조금만 신경을 쓰지 않으면 연탄불이 꺼져 식사를 거르기 일쑤였고 한겨울 추운 방에서 추위에 떨면서 잠을 자는 것이 몹시 곤혹스럽기도 하였다. 그러나 더 힘든 생활은 우물가에서 1~2주에 한 번씩 하는 손빨래였다.

문간 밖 50m쯤 떨어진 골목길에 공동우물 터가 있는데 동네 사람들은 모두 그 우물물을 생활용수로 사용하였다.

애환 어린 옛 추억의 그 시절. 1960년대 중반부터 1970년대 후반까지 빈촌에서는 대부분 지하수 우물을 길어다 음용하면서 지하수에 펌프를 설치하여 저어 올려 물을 받아 식수로 사용하고 빨래도 하였다. 총각 신세로 빨래가 창피하여 대부분 동네 아낙네들의 눈을 피해 이른 새벽에 일어나 우물가로 달려가 속옷을 빨고 외투를 빨았는데 빨랫비누를 청바지에 묻혀 찬물에 담가 빨래를 할 때면 손이 얼어 터지는 것처럼 시리고 또 굳어지면 입김으로 호호 불어 손을 녹여 가며 빨래할 때가 가장 힘들었던 일로 기억된다.

형편이 어려운 달동네 사람들은 그 당시에 냉장고와 세탁기는 상상조차 할 수 없었던 시절이니까. 그러던 어느 날 우연한 기회에 주인집 아저씨와 군대 이야기를 하게 되었는데 해병대 선배라는 사실을 그제야 알게 되었다. 그때부터 해병대 선배 아저씨는 "한 번 해병은 영원한 해병이다."라고 하며 친근감을 주었고 주인아주머니도 무척 나를 친절히 대해 주었다.

밑반찬도 때때로 조금씩 건네주고, 연탄불이 꺼져 있으면 수시로 갈아 주신 주인아주머니가 참 고맙기도 하였다.

그렇게 자취 생활을 하고 있는데 하루는 고향 친구가 마산 한일합섬에 다니다 직장을 그만두고 냉동기술학원에 다니기 위해 상경하였다.

나는 요리학원을 권유하였으나 친구는 요리에 관심이 없는 듯 냉동기술학원을 고집하였다. 당시 요리사는 사회 인식이 좋지 않았던 시절이라 요리보다는 장래 냉동기술자가 더 비전이 있다는 주장이었다.

하루는 주말을 이용하여 친구와 바람도 쐴 겸 관악산으로 등산을 갔다. 이른 봄이라 양지바른 곳엔 새싹과 함께 여기저기서 산나물과 고사리가 자라고 있었다. 망개나무가 많아 산길로 다니기 불편했지만 고사리가 제법 많이 보였다. 탐스럽게 올라온 어린 고사리를 보고 욕심에 하나둘씩 꺾어 모아 한 움큼 봉지에 담아 집으로 가져왔다. 다듬고, 삶고, 말려서 사용해야 하는데 조리법을 잘 모르는 상태에서 나는 국 끓이듯 맹물에 멸치 몇 마리를 넣고 된장을 풀어 국을 끓였더니 쓴맛 때문에 먹을 수가 없어 모두 음식물 쓰레기통에 버렸다.

기본도 없이 주먹구구식으로 하는 게 요리가 아니라는 것을 그제야 알게 되었다. 방에 있는 주전자의 물이 꽁꽁 얼 정도로 추운 밤을 얇은 캐시밀론 이불 하나를 돌돌 말고 자기도 하면서 긴긴 겨울을 보내야 했던 그 시절이 그래도 지나고 보니 가장 아름답고 행복했던 시절이었던 것 같다.

요리학원에 입학하여

전문조리사가 되기 위해 본격적인 요리 공부를 시작하면서 험난한 조리 인생이 시작되었다. 처음에는 학원에서 여자들과 함께 요리하는 것이 무척 부끄럽고 창피하기만 하였다. 당시만 하여도 주위에서는 남자가 무슨 할 일이 없어서 앞치마를 두르고 요리를 하느냐, 요리는 여자가 하는 일이지 요리사가 되면 장가도 못 간다는 등 요리사에 대한 폄훼와 사회 인식이 좋지 않은 시절이었다. 그렇다고 한번 결심한 꿈을 쉽게 포기할 수는 없었다.

특급호텔에서 초빙 강사로 나온 주방장들이 여자일 줄 알았는데 모두 남자였다. 그때 나는 다시 한번 용기를 얻을 수 있는 계기가 되었다. 그러나 처음 칼을 손에 잡고 요리를 하는 나의 모습은 어딘지 모르게 서투르기만 하고 어색하기 짝이 없었다. 지금 기억으로는 일주일에 한두 번씩 손을 베어 반창고를 덕지덕지 붙이고 다닌 기억이 생생하다. 당시 얼마나 자주 손을 베었는지 알 수 있을 정도로 엄지손가락은 지금도 상처투성이이다. 하루하루가 지나면서 칼 솜씨도 제법 익숙해지고 조리기구와 재료를 다루는 기술도 나날이 능숙해졌다. 그때 한정혜 원장 선생님 말씀이 지금도 기억에 생생히 남아 있다.

"요리는 하루아침에 되는 것이 아니다. 많이 만들어 보아야 한다. 감각적인 요리를 해야 한다. 요리는 정성이요, 예술이다."

이 말씀을 귀가 따갑도록 들었다. 어렵게 요리의 기본 과정을 마치고, 학원의 배려로 큰 꿈을 안고 조선호텔에 현장실습을 나가게 되었다.

실습 장면

조선호텔에서 실습을 시작으로

그 당시의 조선호텔은 워커힐, 칼호텔, 도큐호텔과 함께 국내 최고의 특급호텔 중 하나였다. 물론 실습생 신분이었지만 조선호텔에 다닌다는 것은 조리사로서는 최고의 영광으로 평가되던 시절이었다. 조선호텔에 다닌다는 것만으로도 조리사에 대한 긍지와 자부심이 생겼다.

조선호텔은 명성에 걸맞게 주방도 넓고 깨끗하였으며 외국인 조리사들이 많았다. 또 대학교 가정학과와 식품영양학과에서 온 많은 여대생들이 현장실습을 하고 있었다. 당시 호텔 총주방장은 스위스 사람으로 아가사 씨라는 분이었는데 염소같이 생겼다고 모두들 '염소'라고 불렀다. 그러나 외모와 달리 그의 솜씨는 말 그대로 예술의 경지에 올라 있었고 내 조리 인생의 목표이자, 잣대가 됐다.

그즈음 나는 낮에는 선배 조리사들의 요리를 흉내 내느라, 밤에는 외국 요리서적을 번역하느라 바쁜 나날을 보내고 있었다. 처음 접하는 실무요리와 호텔 메뉴는 모든 것이 신기했다. 메뉴대로 완성되는 요리는 예술에 가까웠고 먹기조차 부담스러울 정도로 화려했다. 따라서 이러한 요리들을 만들고 메뉴를 이해하기 위해서는 영어와 일본어 공부가 시급했다. 낮에는 주방에서 청소와 기물을 닦고, 퇴근 후에는 학원으로 달려가 영어와 일본어 공부를 열심히 하였다. 그러한 시절도 잠깐 정신없이 밤낮으로 뛰다 보니 6개월이란 세월이 눈 깜박하는 사이에 지나가 버렸다. 조선호텔 실습을 마치고 나니 직장을 구할 길이 막막하였다.

결혼, 내 삶의 터닝 포인트

옳은 직장도 없는데 고향에서 중매 제의가 들어왔다. 부모님 성화에 못 이겨 나는 맞선을 보기 위해 고향으로 내려갔다.

처녀 댁으로 가는데 30리 산길을 돌고 돌아가는 도중 내내 어떤 모습의 처녀일까 몹시 긴장되었다. 첫 만남에서 무슨 이야기를 시작으로 어떻게 해야 할지 여러 생각에 머리가 복잡하였다. 약속장소인 신기마을에 도착하니 오후 2시쯤 되었을까?

부친께서 안방으로 안내하였다. 긴장되고 떨리는 마음에 잠시 안방에 혼자 앉아 있었다. 방문이 열리는 순간 스웨터에 월남치마를 입고 들어서는 처녀를 보고 깜짝 놀랐다. 날씬한 몸매에 수줍어하는 첫인상이 매우 인상적이고 예쁘게 보였다.

첫 만남이라 숫기가 없어 서로 많은 얘기를 주고받지도 못했고 어떤 이야기를 했는지 지금은 기억조차 잘나지 않는다.

집으로 돌아오는 순간 내내 가슴이 설레며 만감이 교차하였다.

며칠 후 중매쟁이로부터 연락을 받고 신부 댁으로 사성(四星)을 보냈다.

한평생 같이 살아가야 하는 동반자를 결정한다는 것은 쉬운 일이 아니다. 일생에 단 한 번뿐인 결혼을 하는 상대방을 결정하는 만큼 신중해야 하는데 중매인만 믿고, 외모만 보고 단 한 번의 맞선으로 배우자를 결정하였다. 당시는 시골에서 대부분 그런 식으로 결혼이 성사되었고 연애보다는 중매결혼이 많았다. 연애하고 싶어도 여러 가지 여건상 농촌에서는 쉽지 않았으니까.

중매결혼은 사실 부모님의 부모님에 의한 중매에 가까워서 본인들의 선택보다는 부모님의 결정이 압도적이었다. 여자로서는 본인의 선택보다 부모님의 결정이 영향력이 컸다. 우리 부모님 시대에서는 남녀 두 사람이 혼례식장에서 처음으로 상대방의 얼굴을 보는 경우가 적지 않았다고 한다. 지금은 호텔이나 예식장에서 우아하게 결혼식을 올리지만, 그 당시 시골에서는 전통혼례식으로 마을 사람들이 지켜보는 가운데 간소하게 결혼식을 올림이 대부분이었으니까.

옛날과 오늘날의 결혼식 모습을 비교해 보면 다음과 같다.

옛날 결혼식	
장소	신붓집
옷차림	신랑: 사모관대, 신부: 활옷, 족두리
결혼식 방법	신랑 신부가 마주 보고 큰절을 올리고 표주박을 쪼개 만든 잔에 술을 부어 함께 나누어 마심
주고받는 물건	나무 기러기
결혼식 후의 일정	신붓집에서 며칠을 보낸 후에 신랑집으로 감

오늘날 결혼식	
장소	전문 결혼식장이나 호텔
옷차림	신랑: 턱시도, 신부: 웨딩드레스, 면사포, 부케
결혼식 방법	신랑 신부가 결혼반지를 주고받으며 결혼식을 한 후 어른들께 폐백을 드림
주고받는 물건	결혼반지
결혼식 후의 일정	신혼여행을 떠남

그러나 옛날과 오늘날 결혼식 모습의 같은 점이라면 부부가 행복하기를 바라는 마음과 신랑 신부가 서로를 지켜 줄 것이라는 약속과 두 사람이 부부가 된 것을 많은 사람에게 알리는 일은 옛날이나 지금이나 같다.

결혼식이 끝나자 며칠 후 나는 먼저 서울로 올라와 자취 생활하던 방을 정리하고 인근에 신혼살림을 차릴 수 있는 전세방 하나를 마련하였다.

전세금은 해병대군대 생활할 당시 월남전쟁터에서 목숨을 담보로 매월 50달러씩 1년 6개월 동안 전투수당으로 받아 저축해 놓은 돈으로 전세방

을 마련하는 데는 큰 어려움은 없었
다. 사랑하는 사람과 함께 살아가면
행복의 둥지는 쉽게 마련될 것만 같
았다. 나이 어리고 세상 물정 모르는
애송이가 오직 사랑하는 마음과 꿈
에 부푼 마음으로 신혼살림을 꾸리
고 새로운 인생을 시작하였다.

신혼 시절

영빈관(迎賓館)에 취업하여

조선호텔 실습을 마친 후 이력서 몇 장을 써 들고 여기저기 뛰어다녀 보
았지만 마땅한 일자리를 찾기란 쉽지 않았다. 고민 끝에 모든 꿈을 포기하
고 다시 시골로 내려갈까 하며 허탈감에 빠져 고민하고 있을 때 조선호텔
콜드키친 주방장으로 근무하시던 백인수 씨가 영빈관으로 스카우트되어
조리부장으로 이직하였다는 소문을 선배로부터 들은 기억이 떠올랐다. 염
치 불고하고 이력서 한 장을 써 들고 용기를 내어 영빈관을 찾아가 어려운
사정을 말씀드렸다. 조리부장께서 친절하게 대해 주시며 "생각 좀 해 보자.
지금은 자리가 없으니 자리가 나는 대로 연락 줄게. 그때까지 힘들겠지만
조금만 기다려 보아라." 하시면서 이력서를 놓고 가라는 것이 아닌가.

주방 사무실을 나오면서 한 가닥 희망과 기대감에 집으로 돌아오는 발걸
음은 한없이 가볍기만 하였다. 버스를 타고 집으로 오는 길 내내 위생복을
단정히 입고 검은 머플러를 목에 두르고 높은 모자를 쓴 조리부장님의 모

습은 다시 한번 나에게 선망의 대상이 되었다.

그러나 하루하루를 연락 오기만을 고대했지만 두 달이 지나고 세 달이 지나도 깜깜 무소식이 아닌가! 몇 번 전화기를 들었다 놓았다를 반복하다 하루는 용기를 내어 전화를 걸었다. 처음에는 무척 친절하게 전화를 받아 주시더니 시간이 지날수록 짜증스러운 목소리로 귀찮아하시기에 미안해서 더 이상 전화를 걸어 상황을 알아볼 수도 없었다.

그러던 어느 날 조리부장으로부터 반가운 소식이 전해져 왔다. 내일 아침 10시까지 조리부 사무실로 나오라는 연락이었다. 그때의 심정은 말로 표현할 수 없을 정도로 기뻤다. 그러나 영빈관도 실습생으로 6개월의 실습과 3개월의 수습을 다시 거쳐야 정직원으로 발령이 난다는 것이 아닌가! 하지만 실습생이면 어떠랴. 일을 할 수 있다는 자체만으로도 나에게는 큰 행운 아닌가!

그날부터 나는 주방 청소에서부터 냉장고 청소, 화장실 청소, 칼 갈기, 접시와 냄비 닦기, 선배들의 식사배식까지 손이 열 개라도 부족할 정도로 할 일도 많고 바빴다. 그 당시 영빈관의 주방 직원 식사는 직원식당과 거리가 멀리 떨어져 있어 군대 급식처럼 사원식당에 가서 밥과 찬을 제공받아 주방에서 선배들에게 배식을 하고 설거지를 해야 했다. 후배가 들어올 때까지 그 일을 담당해야 하는 완전 군대식 주방생활로 선후배 관계도 매우 엄했다.

추운 겨울철에 식통과 국통을 들고 다닐 때는 선배 조리사들이 왜 그렇게 얄밉기도 하고 원망스럽기도 하였다. '식당에 가서 교대로 먹고 오면 어디가 탈이라도 나냐.' 하면서 투정도 많이 했다. 그러나 어려움은 이것으로 끝나지 않았다. 그 당시 정부의 중요한 파티는 대부분 조선호텔과 영빈관에서 담당하였으며 특히 외국 수상 영접은 영빈관에서 담당하였다. 1976년 무하마드 알리와 안토니오 이노끼가 일본에서 대결하고 알리가 영빈관에 왔을 때가 기억난다. 지금은 경제성장과 고도의 기술발달로 대부분 주방기기가 전자동시스템이라 그릇도 자동세척기로 하지만 그 당시는 모두 손으로 닦아야 하는 수세식이었다. 두 명의 조리보조가 그 많은 일들을 담당하기에는 너무나 힘들고 벅찼다. 지금 생각하면 일주일에 한두 번씩은 코피를 흘린 것으로 기억된다.

선배 조리사들이 요리하는 뒷모습을 보면서

그러나 그렇게 힘든 과정 뒤에는 보람도 많았다. 종일 허드렛일만 하는 시간은 아니었다. 연회가 없는 날은 한가하기도 하고 또 요리를 배울 시간도 많았다. 선배들의 요리하는 뒷모습을 유심히 어깨너머로 지켜보면서 꿈을 키워 나갔다. 그 당시 꼭 배워 보고 싶었던 요리는 소시지 제조 기술이었다. 그때 윤세근선배가 조선호텔에서 독일인에게 소시지 만드는 기술을 배워서 영빈관에 스카우트되어 소시지 제조 작업을 담당하고 있을 때의 일이었다. 그러나 선배의 노하우를 습득하기란 쉬운 일이 아니었다. 당시는 선배들은 좀처럼 자기가 가지고 있는 기술을 남에게 가르쳐 주질 않았다.

조리 레시피도 사용 후에는 남들이 볼까 봐 찢어서 쓰레기통에 버리곤 하던 시절이었으니 오죽하였으랴. 특히 중요한 양념을 준비할 때는 심부름을 시키거나 다른 일을 하고 있을 때 순식간에 해치워 버리기 때문에 더욱 힘들었다.

하루는 소시지를 만든 레시피를 사용 후 찢어서 쓰레기통에 버리는 것을 우연히 멀리서 지켜보았다. 곧바로 나는 쓰레기통을 뒤져 찢어진 레시피를 몰래 가져와 밤새도록 짜깁기하여 완전한 레시피를 만들어서 노트에 옮겨 적으며 공부하였다. 지금은 푸드 채널이 많아 세계 요리를 안방에서도 편리하게 배울 수 있고 많은 정보를 접할 수 있지만 당시에는 선배들이 요리하는 뒷모습을 지켜보면서 눈, 귀, 코, 입으로 스스로 배워야 했다. 눈은 선배의 요리를 훔쳐 배우고 귀는 선배의 이야기를 듣고 코는 냄새를 맡고 입은 모르는 것을 물어보면서 배울 수밖에 없었다.

하루는 정부기관에서 주최하는 칵테일 리셉션 연회행사가 있는 날이었다. 행사가 끝난 후 남은 오되브르와 카나페가 너무나 아름답고 신기해 종류별로 하나씩 가지런히 담아 집으로 가져왔다. 그러고는 밤새도록 노트에 하나하나 그림을 그리고 맛을 보면서 요리 공부를 하기도 했다. 비록 몸은

핑거푸드(타파스)

피로에 지쳐 쓰러질 지경이었지만, 요리를 배운다는 생각에 피로한 줄도
모르고 하는 일이 마냥 즐겁기만 했다.

서울 프라자호텔 오픈멤버로

1976년 8월 영빈관에서 서울 프라자호텔로 이직하였다. 프라자호텔은
일본 프린스호텔과 기술제휴를 맺고 부서 책임자들이 모두 일본에서 파견
나와 각 분야에 기술 전수를 하였다. 물론 총지배인도 일본인이고 조리부
장도 일본인이었다. 당시 특급호텔은 개업 4개월 또는 6개월 전에 직원을
채용하여 서비스 예절 교육과 조리 기본 교육을 실시한 후 현장에 투입하
는 것이 관행으로 되어 있었다. 프라자호텔도 예외는 아니었다. 개업 4개
월 전에 직원을 공개 채용하여 신입사원 기본 교육을 실시하고 다시 분야
별 전문 교육이 시작되었다. 교육받을 당시 기억나는 몇 가지 에피소드를
기술해 보고자 한다.

하루는 일본 프린스호텔에서 파견된 오가와 조리부장이 조리부 직원 전
체 교육을 하면서 요리에 대한 추상적인 문제를 주고 분임 토의를 거쳐 각
조별로 조장이 나와서 발표하는 시간이었다. 주제는 '물도 없고 불도 없는
우주세계에서 가진 것은 단 쌀 한 줌뿐이다. 이것으로 어떻게 요리를 할 것
인가?'였다. 각 조별로 열심히 분임 토의를 거쳐 발표를 하였다. 마지막 조
인 6조에서 물도 없고 불도 없고 배도 고프고 급히 요리를 하려면 불은 차
돌을 두 개 구해서 마찰을 시켜 불을 지피면 된다고 했다. 이 과정까지는
좋았는데 물은 서로의 소변을 받아 밥을 짓겠다는 것이 아닌가. 그 순간 오

가와 부장의 얼굴이 시뻘게지면서 호통을 치셨다. "저렇게 썩어빠진 사고 방식을 가지고 어떻게 요리를 하겠다는 말인가? 요리사는 위생이 가장 중요해!"라고.

그렇다. 거기에 정답은 없다. 사고의 차이일 뿐이다. 오가와 부장도 정답을 요구하지는 않았을 것이다. 조리사들의 기본 자질과 정신 상태를 시험해 보기 위한 문제였다고 생각된다. 올바른 생각 속에서 건전하고 창의적인 요리가 나올 수 있기 때문이 아닐까. 그러한 교육과정을 마친 후 현장에 투입되어 재료를 조달하여 기본 스톡과 소스를 만드는 등 오픈 준비에 여념이 없었다.

오가와 부장과 오오야 요리장의 요리에 대한 애착심과 뛰어난 조리기술은 한국 조리사들에게 좋은 모델이자 귀감이 되었다. 나도 열심히 노력해서 저분들과 같은 훌륭한 요리사가 되어야겠다고 다짐하면서 화려하고 섬세한 프랑스 요리에 더욱더 매력을 갖게 되었다. 그들과 우리 조리사들의 다른 점이라면, 첫째 자기 책임하에 요리를 하는 것이고, 둘째 요리사라는 직업에 대한 자긍심이 대단하며, 셋째 선배에 대한 충성심과 존경심이었다. 보이는 곳에서 하는 척하고 보이지 않는 곳에서 게으름을 피우는 우리 조리사들도 저런 모습을 보고 반성하며 많이 달라져야 되겠구나 생각하면서 요리의 기본은 위생이라는 것을 알게 되었다.

Coffee House Plaza 오픈 메뉴

Appetizer
Hors d'oeuvre Maison. Shrimp Cocktail Tyrolienne. Escabeche Korean Style. Merry Widow Cocktail. Tuna Fish Cocktail.

Soup
Consomme du Jour. Plaza Vegetable Soup. Cream of Poultry Soup. Cream of Washington Soup. Potage Paysanne

Fish
Skewered Prawns Remoulade Sauce. Truite Meuniere Almond Butter. Shrimp a la Doria.

Entree
Sirloin Steak paillasse. Fillet of Beef Esterhazy. Pork Piccata Neapolitan. Fricadellel. Polynesian Fried Chicken. Spaghetti Caruso. Beef Shrimp or Vegetable Curry. Korean Beef Steak Sandwich. Jumbo Hamburger

Salad
Plaza Chef's Salad Boule. Chicken Celery Salad. Combination Salad. Mixed Salad Green.

Sandwich
Mixed Sandwich. Tuna Fish and Onion Sandwich. Plaza Steak Sandwich.

Dessert
Plaza Ice Cream. Apple Pie a la Mode. Vacherin Ice Cream. Bavaroise & Fruit. Fruit Sundae.

바닷가재요리

일이 하기 싫으면 손을 대지 말란 말이야

에스카베슈(escabeche)가 왜 이래

오픈 후 몇 개월이 지났지만 전 부서가 질서가 잡히지 않아 어수선하던 어느 날이었다. 하루는 연회장 뷔페에 제공할 전채요리 에스카베슈(escabeche) 생선 살을 손가락처럼 썰어 채소와 함께 뜨거운 초 기름 소스에 절인 애피타이저인데 작업이 끝나고 점심시간이 되어 종업원 식당에 식사하러 간 후 일이 일어났다. 호랑이 성격으로 이름난 백인수 조리부장이 내가 만들어 놓은 요리를 보고 발끈하여 마침 그 장소에서 있던 cold kitchen 정○송 Chef가 덤터기를 써 울며불며 한바탕 소동이 벌어졌다.

잘못은 내가 저지르고 야단은 억울하게 옆에 사람이 맞았으니 얼마나 미안하랴. 나는 나의 잘못을 인정하고 정 셰프에게 미안하다고 정중히 사과하였다.

사연인즉 생선 초절임에 들어가는 채소의 규격이 일정하지 않다는 것이 그날 문제였다. 백인수 조리부장은 대충하는 조리사들을 그냥 보고 지나치지 못하는 철두철미한 성격으로 소문난 호랑이 부장으로 소문난 사람이다.

당시 조리부 사무실은 콜드키친과 맞붙어 있어 영업시간만 되면 조리부장께서 업장을 한 바퀴씩 순회하는데 순찰 전 항상 높은 모자와 긴 앞치마 검은 머플러를 목에 두르고 거울 앞에서 단정히 외모를 꾸민다.

그럴 때면 우리는 하던 일을 멈추고 잠시 '골목 다방'으로 피신하였다가 콜드키친을 지나고 나면 그제야 원위치로 돌아와 하던 일을 계속하곤 하였다. 지날 때마다 대충 지나칠 적이 없이 무언가 꼭 트집을 잡기 때문에 야단을 맞지 않기 위해선 잠시 피할 수밖에 없었다.

당시 골목 다방이란 식자재 창고의 한 작은 공간으로 일을 하다 피곤하면 조리사들이 잠시 휴식을 취하던 장소로 조리사들이 '골목 다방'이라 명명하였다.

처음 영빈관 근무 시절 백인수 조리부장으로부터 콜드키친 일을 배우면서 참 야단도 많이 맞고 설움의 눈물도 많이 흘렸다. 대쪽 같은 성격에 인정사정없는 냉철한 사람으로 소문난 그분 밑에서 정석으로 요리를 배웠기 때문에 내가 지금 이 자리에까지 올 수 있는 원동력이 되지 않았나 한다. 이런 생각을 하면 당시는 원수같이 미웠던 그 사람이 지나고 보니 지금은 또 그렇게 고마울 수가 없다. 일을 배울 때는 항상 마음씨 좋은 선배보다 호랑이같이 엄한 상사 밑에서 기술을 배워야 훌륭한 요리사가 된다는 사실을 그제야 깨달았다. 훌륭한 학생은 훌륭한 선생님이 만들고 훌륭한 선생님은 훌륭한 학생을 만든다는 말처럼. 어떤 사람을 만나느냐에 따라서 사람은 운명이 바뀌고 인생이 달라지는 것 같다.

3종류의 디저트(푸딩 샤롯데 과일크레페)

신라호텔 오픈멤버 시절

특급호텔 오픈은 대부분 6개월 전부터 신입사원을 공개 채용하여 기본 서비스 교육과 부서별 전문 교육을 한다. 신라호텔은 일본 오쿠라호텔과 기술제휴 체인을 맺어 각 부서 주방 조리 책임자는 모두 일본 오쿠라호텔의 유명한 요리장들이 파견되어 있었다.

오픈 당시 조리부 총책임자는 요시다 부장, 한국인 책임자는 박명선 부장, 콘티넨털 주방 과장 다카 상, 콜드키친 주방 과장 후쿠다 상, 커피숍 주방 과장 와타나베 상이 초대 주방장이었다. 나는 프라자호텔에서 일본 셰프들과 같이 근무하면서 배운 간단한 생활 회화로 언어소통에는 근무하는 데 큰 어려움이 없었다.

입사 후 1개월여 동안은 국제 관광공사에 입교하여 회사 규정 전반에 관한 교육과 서비스 교육을 받고 업장별 부서 배치를 하였다. 메인 주방 근무를 원했지만, 커피숍 주방으로 발령이 났다.

오픈 당시 신라호텔 주방 조직은 크게 양식당을 중심으로 메인 주방, 한식당, 일식당, 중식당, 베이커리 부서로 나뉘어 있었다. 메인 주방에서도 핫 퀴진(hot cuisine), 콜드 퀴진(cold cusine), 고기를 담당하는 부처(butcher), 제과 제빵을 담당하는 베이커리(bakery)와 프랑스 요리를 전문으로 하는 라 콘티넨털 주방, 커피숍 주방으로 나뉘었다. 연회장은 메인 주방에서, 룸서비스는 커피숍 주방에서 업무를 담당하였다. 3개월여 동안 국제 관광공사에서 전 직원 기본 교육을 마치고 부서별 교육이 시작되었다. 커피숍 주방 교육은 종로 5가 수도 요리학원을 위탁하여 와타나베 상에게 메뉴 교육을 받으면서 간단한 실습 교육도 병행하였다. 가장 많이 연습한 요리가 오믈렛으로 기억된다. 오믈렛은 가장 단순하면서도 까다로운 요리다. 기본기와 불의 온도 순발력의 3박자를 겸비해야 성공할 수 있는 요리로 국가조리기능사 자격시험에서도 많은 수검자가 탈락하는 요리로 유명하다. 기존 호텔은 선배들의 텃세가 심하지만 오픈하는 호텔의 장점은 유명 주방장들로부터 처음부터 전문 교육을 받을 수 있다는 이점과 일을 처음부터 같이 시작한다는 점에서 매우 유리하다.

배우는 즐거움에 시간 가는 줄 모르고 몇 개월을 학원에서 보내고 개장 1개월 전에 현장에 투입되었다. 먼지투성이에서 매일같이 주방 기물을 나르며 주방 청소를 하면서 오픈 한 달 전부터는 식자재를 발주하여 이론으로 배운 메뉴를 하나하나 실습하며 사진으로 찍어 벽에 붙여 놓고 반복 연습을 강행하면서 팀워크를 다졌다.

오픈 일주일 전부터는 실전 연습을 하며 와타나베 주방장으로부터 "빠가야로!" 소리도 많이 듣고 서러움에 눈물도 참 많이 흘렸다.

그러나 와타나베 주방장은 프랑스에서 정통요리를 공부한 유학파 주방장답게 실력이 매우 뛰어나 배울 점도 꽤 많았다. 그랜드 오픈 후에도 커피숍 주방 업무는 룸서비스를 겸하여서 근무조는 오전, 오후, 야간조로 3교대 근무를 하였다. 1978년 9월 오픈 당시 신라호텔 커피숍 아제리어(Azalea) 주 단위 특별메뉴를 보면 다음과 같았다.

아제리아 오픈 메뉴

Mushroom ala Greque. Italian Minestrone. Sole Meuniere Mentonnois. Saumon Fume au Citron. Poulet Saute ala Basque. Cotage Fromage. Tenderloin Steak au Poivre Sauce. Sirloin Steak Tyrolien Style. Croque Monsieur. Super Burger. Beef Steak Sandwich. American Club House. Nicoise Salad Sandwich. Tuna Sandwich. Chicken Mayonnaise Sandwich. Filet de Sole Bonne Femme. Coquille Saint-Jacques Facon Nantaise. Escalope de Veau Cordon Bleu. Azalea Chef's Salad. Shrimp and Laitue Salad. Pressed Chicken Salad. Combination Salad.

특별메뉴

Cote de Veau Exposition. Gnocchi Piemontaise. Paupiette de Veau

Nicoise. Gourmand Brillat Savarin. Truit Saute Grenobloise.
La Sole Fournee Bagatelles. Pojarsky de Volaille Smitane Sauce. Terrine
de Volaille a la Orange. Dane de Saumon Grille Sauce Choron. Bitoke
de Boeuf Saute Duroc. Raviolis ala Nicoise. Canneloni des Gourmets.
Crevette Grille sur Riz Pilaff Sauce aux Herbe. Gourjonnette de Turbotin
Sauce Moutard. Blanc de Volaille ala King. Cote de Porc Poelee Zingara.
Poulet Saute au Vinaigre. Crepe de Fruits de Mer. Beignet de Scampis
Frits Sauce Tomate.

양갈비구이

서울 가든호텔 가르드망제 셰프로

1980년 8월, 미 8군에서 임대 운영할 당시 신라호텔에서 서울 가든호텔
Cold Kitchen Chef(냉요리 주방장)로 스카우트되었다. 콜드키친 업무를 담

당하면서 하루는 얼음조각사가 조각하는 작업장에 우연히 들르게 되었다. 135kg의 직사각형 얼음덩어리가 조각사의 예리한 손놀림과 조각도를 통해 한 폭의 예술작품으로 재탄생하는 것을 지켜보면서 감탄하지 않을 수 없었다. 바위 위에서 날개를 펼치는 독수리와 그 예리한 부리. 하늘을 나는 봉황새의 모습은 그림보다 더 섬세해 보이고 생동감이 넘쳤다. 나도 최고의 콜드키친 주방장이 되려면 얼음조각 몇 장 정도는 내 손으로 할 수 있어야 한다는 생각에 얼음조각기술을 배우기로 결심하였다.

얼음 한 장은 가로 56cm, 세로 100cm, 두께 27cm. 무게는 약 135kg이다. 이렇게 무거운 얼음덩어리를 눕히고 세우는 작업만 반복하기를 일주일. 그다음 만들고자 하는 작품에 먼저 스케치한 후 톱을 이용하여 형체를 잡고 각 부분에 적당한 조각도로 섬세하게 작품을 다듬는 작업에 들어간다.

열심히 노력한 결과 얼음조각기술은 나날이 발전하였다. 처음에는 한두 작품 정도만 배우겠다고 시작한 것이 점점 조각에 매력을 느끼며 깊이 빠져들기 시작하였다. 전문가가 되려면 하는 일에 적당히 미치라는 어느 선배의 말이 떠올랐다. 밤이나 낮이나 잠자리에 누우면 작품이 천장에 나타나고 꿈속에서도 조각하는 꿈만 꾸게 되었다. 그야말로 조각 마니아가 되어 버렸다.

그렇다고 요리를 소홀히 한 것은 아니다. 냉요리 주방 업무를 담당하면서 잠깐의 휴식 시간이나 식사 시간을 이용하여 틈틈이 때로는 휴일에 출근하여 조각을 하였다. 연회행사가 있을 때 연회장 중앙에 정성껏 만든 거대한 얼음조각상을 세우고 뷔페나 칵테일파티음식을 돌려서 진열해 놓으면 분위기는 최고조에 달한다. 행사에 참석한 많은 고객들이 섬세하게 작업한 얼음조각에 매료되어 "원더풀! 엑설런트!"를 연발하면서 사진 한 장 같이 찍자고 접근할 때는 피로감도 잊고 하는 일에 최고의 보람과 자부심을 갖게 된다.

한편 힘들게 만들어 놓은 얼음조각이 다른 조각과 달리 영원히 형체를 남기지 못하고 흔적도 없이 녹아 없어져 아쉬움이 남는다. 그러나 조각은 채우는 것이 아니라 비워내는 일이다.

삶이란 조각처럼, 채워 가는 것이 아니라 비워 가는 것이 아닐까? 우리의 인생도 얼음조각처럼 비우는 인생이 되었으면 한다.

얼음조각 하던 시절

요리학원과 문화센터를 드나들며

처음 학원 강의를 하기 위해 교단에 섰을 때가 1980년 서울 가든호텔 재직 당시 수도요리학원으로 기억된다. 실무에서 터득한 경험과 전문지식을 교육 현장에 접목시켜 훌륭한 후배 조리사들을 양성하고자 하는 생각과 자기계발을 위해서는 남을 먼저 가르쳐 보아야 한다는 두 가지 생각에서 강의를 시작하게 되었다. 처음 강당에 섰을 때의 일이 지금도 잊히지 않고 기억에 생생히 남아 있다.

강의를 시작한 지 얼마 되지 않은 때였다. 특강 시간인데 많은 학생들 앞에서 지나치게 긴장하고 당황하여 학생들이 눈에 보이질 않았다. 말과 행동이 달라지며 실수의 연속이 아닌가! 첫 강의를 그렇게 마치고 나니 '그래, 나는 교육자로서는 소질이 없어.' 하고 자신을 원망하며 포기할까 하는 생각도 수차례 해 보았다. 하지만 그럴수록 나는 더욱더 힘과 용기를 내어 도전하였다. 자신과의 싸움에서 반드시 이겨야 산다, 지면 죽는다는 생각으로 열정을 쏟으며 포기하지 않고 차근차근 강의 경험을 쌓았다.

휴일이면 동료들은 대부분 취미생활로 운동과 낚시, 등산을 하며 가족과 함께 자기 시간도 즐기고 여가 선용도 하지만 나는 일주일에 한 번, 비번 날이 되면 요리학원과 문화센터를 드나들며 요리강의에 열정을 쏟았다. 특히 당시 문화센터 요리강의는 강사가 직접 재료를 준비하여 강의를 해야 하기 때문에 버스를 타고 다닌다는 것이 보통 고생이 아니었다. 지금 생각하면 아마 요리에 미치지 않고는 할 수 없는 일이라고 생각되지만 당시는 형편상 어쩔 수 없었다. 1980년대 잠실 롯데문화센터 요리교실에서 최초로 프랑스 요리강의를 맡아 진행한 초대강사이기도 하다.

수강생들은 대부분 요리학원 강사와 원장 선생님, 외교관 부인들이 대부분이었다. 그렇게 한 강의가 끝날 무렵이면 특급호텔로 이동하여 풀코스식사를 하면서 테이블 매너 교육도 병행하며 프랑스 요리를 한국에 보급하는 데 기여하기도 하였다.

바닷가재 테르미도르

63빌딩 하늘에서 요리하다

63빌딩 55층 '거버너스챔버' 프랑스 식당은 각 부처장관, 대기업 최고경영자 등 정·재계인사들의 사교장이다. 주방에 있으면 하늘에서 요리하는 기분이 든다. 맑은 날에는 인천 앞바다까지 보이고 한강과 남산이 한눈에 내려다보이는 야경은 그야말로 환상적이고 별천지다.

정통 프랑스 요리가 중심인 회원제 클럽 '거버너스챔버'는 특별한 서비스로 풀람베(Flmbe: 불꽃을 일으키는 조리법)를 맛볼 수 있다. 주방장이 직접 왜건을 끌고 나와 조리하는 풀람베 요리는, 신선도를 지켜 줌은 물론 시각적 쾌감까지 선사한다. 고객이 지켜보는 앞에서 음식을 조리하여 맛을 평가받고 즉석에서 만드는 요리를 보는 재미로 고객들의 흥미를 유발한다.

세계 3대 진미인 푸아그라, 트러플, 캐비어, 그리고 제주산 전복 요리와 캐

나다산 바다가재, 양갈비, 샤토브리앙 요리를 특별메뉴로 제공하고 일품요리 외 정식요리는 2주에 한 번씩 세트 메뉴 A, B, C로 구성하여 제공하였다.

당시 3김의 아지트로 명성이 나 있었던 프렌치 레스토랑은 특히 한나라당 노태우, 김영삼, 김종필, 박철언, 민관식, 박태준 등 거물급 정치인들과 신동아그룹 63빌딩 창업주 최순영 회장을 비롯해 정·재계 총수들의 밀담 장소로 유명하였다. 당시 여당 인사들은 대부분 55층 '거버너스챔버'를, 야당 인사들과 김대중 민주당 대표는 57층 중식당 '백리향'에서 대부분 모임과 행사를 진행하였다. DJ와 YS는 경쟁자답게 함께 식사하는 모습은 거의 볼 수 없었으며 YS가 대통령 시절 '거버너스챔버'에서 행사가 있는 날이면 하루 전날부터 빌딩 주위의 분위기는 살벌하였다.

이른 아침부터 행사 요원이 출입구 이곳저곳에 배치되어 출입자들의 신분을 조사하며 살벌한 경비가 이루어졌고 주방에는 청와대 경호원과 검식관(음식물을 내어놓기 전에 미리 먹어 보고 이상이 있는지를 검사하는 사람이 들어와 요리하는 조리사들의 모습을 하나하나 살펴보면서 음식을 관찰하고 음식이 서빙되기 전 무작위로 한 접시를 선택하여 먼저 먹어 본 후 이상이 없으면 음식이 제공되었다.

김영삼 대통령은 여당 대표 시절부터 단골이기에 식성을 잘 파악하고 있었는데 소식가이며 칼국수를 좋아하였다. 알라카트 메뉴는 보통 양갈비를 주문하는데 3대가 1인분이면 2대를 주문하였다. 다섯 코스 요리가 제공될 때도 가벼운 수프와 주요리만 원하기 때문에 일행들은 코스를 맞추기가 가장 힘들었다는 후문이 돌았다.

한번은 칼국수를 갑자기 프렌치 레스토랑에서 주문하는 바람에 메뉴에도 없는 요리를 갑자기 준비하느라 주방이 한바탕 소동이 벌어졌던 일화도 있다.

당시 프렌치 레스토랑으로 가장 유명한 식당 3곳을 꼽으라면 신라호텔라 콘티넨털, 롯데호텔 메트로폴리탄, 63빌딩 거버너스챔버다. 이 3개 업장이 경쟁 구도를 형성한 최고의 업장이었다.

63빌딩 '거버너스챔버'의 차별화된 영업 포인트는 특별주문으로 제작하여 만든 순금 접시다. 테두리를 순금으로 도금한 황금색 접시는 부주의로 파손이 되면 책임을 물었고 특히 도난방지에 많은 신경을 썼다.

요리도 차별화하였다. 정통 프랑스 요리를 우리 입맛에 맞도록 퓨전하여 당시 고객들로부터 신라호텔보다 더 맛있다는 평가를 받기도 하였다.

역대 대통령들의 식습관을 파악하고 요리를 만들면서 '먹는 걸 보면 그 사람을 알 수 있다'라는 말처럼 좋아하는 음식과 성격은 밀접한 상관관계가 있다는 사실을 알 수 있었다.

작곡가가 신곡 하나를 만드는 데 짧게는 6개월 길게는 1년이 걸린다는

SBS 〈남편은 요리사〉 출연

것처럼 요리도 신메뉴 하나를 만드는 데 마찬가지로 그 정도의 시간이 소요된다. 전문 맛 평가사와 대중평가단의 엄격한 평가를 거쳐서 수정과 보완을 반복하여 신메뉴가 탄생한다. 좋은 요리는 하루아침에 만들어지는 것은 아니다. 기존에 알려진 메뉴를 모방하는 작업은 쉽지만, 백지에서 신상품을 개발한다는 것은 결코 쉬운 일이 아니다.

나는 요즈음은 한식의 세계화에 관심이 많다. 프랑스 요리는 포도주로 요리한다 해도 과언이 아닐 정도로 포도주를 많이 사용한다. 우리 음식도 수십 종류가 넘는 발효주 막걸리를 이용하여 만들 수 있는 요리를 연구하고 개발한다면 또 된장과 고추장 간장을 이용하여 서양인들의 입맛을 사로잡을 수 있는 요리와 소스를 개발한다면 한식의 세계화도 가능하지 않을까 하는 개인적인 견해를 밝혀 본다.

최루탄과의 전쟁

주경야독의 꿈을 안고 경희 호텔경영전문대학에 입학하여 오후 4시면 회사 일을 마치고 야간수업을 위해 학교로 등교한다.

아침 6시에 집을 나와 밤 11시가 되어서야 집에 도착한다. 다음 날 아침 6시에 출근하기 때문에 새벽 5시에 일어나 출근 준비를 해야 했고 잠은 불과 5시간 정도밖에 잘 수 없었다.

회사 일을 마치고 여의도에서 버스를 타고 학교 앞에 내리면 당시 경희대학교는 학생 데모대로 조용한 날이 거의 없었고 매일같이 경찰과 대치하며 최루탄 가스(눈물샘을 자극하여 눈물을 흘리게 하는 약이나 물질을 넣은 탄환)를 쏴대 주변에는 호흡조차 곤란할 정도였다.

어렵게 후문으로 진입하여 간신히 교실에 들어서면 매콤한 최루탄 가스가 옷에 배어 교실 안은 여기저기서 눈물, 콧물, 재채기로 한바탕 소동이 벌어지기도 한다. 심한 날에는 학교 정문 앞에서 경찰의 저지로 교정 안으로 들어가지도 못한 채 되돌아온 적도 한두 번이 아니었다.

어렵게 수업을 마치고 귀가할 때면 시내버스를 타야 하는데 매콤한 가스가 옷에 배어 옆자리에 앉은 승객들의 재채기로 당황한 적도 있었고 집에 도착하면 식구들까지 재채기하느라 한동안 정신이 없었다.

최루탄과의 전쟁도 힘들었지만 대부분 학생이 직장인들이라 저녁 식사를 못 하고 등교를 해서 밤 10시까지 수업을 하다 보면 배고픔을 견디는 일이 제일 힘들었다. 어느 때는 회사에서 간단한 김밥이나 샌드위치 하나를 만들어 가방에 넣고 다닌 적이 있었는데 혼자 먹기 미안해 학생들 몰래 잠깐 복도 구석진 곳에서 꺼내 먹으며 끼니를 때운 적도 한두 번이 아니었다.

또한 회사 일하랴 공부하랴 어려운 여건 속에서 중간고사와 기말고사가 있을 때는 출근길에 버스에서 시험공부를 하며 과락 과목만 면해 보고자 죽기 살기로 공부한 것이 성적 우수 장학생으로 선발되는 행운도 따라 주었다. 특급호텔 각 분야 60여 명의 매니저와 당당히 겨루어 조리사가 이겼다는 것이 더욱더 자랑스러웠다.

그때 나는 하면 된다는 사실을 알았다. 천재는 노력하는 사람을 이길 수 없다는 사실도 알았고 노력하면 모든 꿈을 다 이룰 수 있다는 사실도 알게 되었다. 나이가 들어서 공부를 한다는 것이 얼마나 힘들고 보람 있는 일인가도 주경야독을 통해 알게 되면서 성취감도 함께 맛보게 되었다. 지금도 회사에서 열심히 일하는 후배들에게 시간을 헛되이 낭비하지 말고 꿈과 열정을 갖고 노력하면서 도전하고 발전해 나가길 바란다. 같은 일만 반복하는 사람에게는 발전이 없다. 꿈과 열정을 가지고 도전하면서 발전해 나가야 한다.

성공은 우연히 이루어지는 게 아니며 또 태어나면서부터 성공한 사람은 존재하지 않는다. 사람들은 성공의 비결을 외부적인 조건에서 찾으려 할 뿐, 숨은 노력과 근면한 태도에서는 주목하지 않는 것 같다.

『실무 프랑스풍 야채요리』 책을 출간하면서

거버너스챔버는 외국인 조리사가 없이 순수한 내국인 조리사로 오픈멤버가 구성되어 있어 지금까지 타 호텔에서 습득한 노하우를 바탕으로 자체에서 업장을 운영하고 새로운 메뉴를 개발해야 하는 어려움이 있었다. 고민 끝에 나는 요리 공부도 할 겸 최근 트렌드에 맞는 프랑스 요리책을 구입, 메뉴를 개발하기 위해 번역을 시작하였다.

원서를 번역한다는 것이 쉬운 일은 아니었다. 나는 불어를 전공하지도 않았고 서울 프라자호텔과 신라호텔에서 프랑스 조리사들과 같이 근무하면서 스스로 공부하여 배운 기초조리 용어를 바탕으로 번역을 시작하니 어려움은 이루 말할 수 없었다. 서울 프라자호텔 오픈 당시 일본 셰프에게 구입한 '영·불·화 조리 용어 사전'과 '불·한 사전', '영·한 사전', 국어사전을 총동원하여, 2년여 동안에 야채요리 전문 서적을 번역하였다. 처음 시작할 때는 이해가 어렵고 시간도 많이 걸려 힘들었으나 시간이 지나면서 한 페이지 한 페이지 반복하다 보니 대부분 재료와 요리 사진, 조리 방법이 비슷하고 조리 전문 용어가 반복되어 시간이 지날수록 능률도 오르고 시간은 단축되었다.

낮에는 영업장 주방에서 전날 밤 번역한 요리를 주방에서 직접 만들어 주방 직원들과 함께 평가를 하고 또 고객들에게 특별메뉴로 제공하여 손님들의 반응도 조사하여 문제점을 보완하면서 요리에 대한 이론과 전문지식을 체계적으로 정립하였다.

요리는 모두 현장에서 직접 만들어 촬영한 후 도서출판 문지사와 출판계약을 맺고『실무 프랑스풍 야채요리』책을 처음으로 출간하여 호텔과 외식업에 보급하였다.

『실무 프랑스풍 야채요리』출간

제1회 천하장사 씨름대회 날

제1회 천하장사 결정전이 장충체육관에서 열리던 날이다. 어린 시절 나는 체구는 작았지만, 학교 공부보다 운동을 더 좋아했다.

초등학교 운동회 날에는 청군 백군으로 나뉘어 기마전도 하고 달리기도 하였는데 50m 달리기 경기에서 가끔 2, 3등을 하여 연필과 공책도 여러 번 딴 기억이 난다. 어린 시절 친구들과 가장 많이 한 경기가 운동장에 공차기와 씨름인데 그중에서도 나는 씨름을 더 좋아했다.

당시 농촌 생활은 아침 식사가 끝나면 퇴비와 땔감을 마련하기 위해 여름에는 풀을 베서 퇴비를 만들고 겨울에는 땔감을 마련하기 위해 지게를 지고 산으로 갔는데 '삐득재먼당'을 넘어서면 '내수'라는 마을이 있고 서쪽 고개 넘어서는 '임촌'이라는 마을이 있었다.

풀을 베기 위해 산에 가는 날이면 그 마을 청년들과 종종 만나게 된다.

그럴 때면 평평한 평지나 묏등 가에서 지게를 옆으로 팽개치고 인원수에 맞추어 조를 편성해 상대 마을 또래들과 씨름을 하는데 나는 또래 친구들 대부분을 제압하였다. 당시 나는 앞무릎치기와 돌림배지기가 주특기였다.

하루는 초등학교 다닐 때의 일로 기억된다. 토요일 오전수업을 마치고 귀가하기 위해 운동장을 나서는데 장위마을 또래 선배들 몇 명이 기다리고 있었다는 듯이 김ㅇ재라는 반 친구와 씨름을 붙이는 게 아닌가. 영문도 모르고 엉겁결에 그 친구를 넘어뜨리는 순간 '장위마을' 선배들이 달려들어 다짜고짜 구타하려 했다. 순간 책가방도 팽개치고 나는 다리야 나 살려라 하고 집까지 단숨에 달려 전신이 땀으로 흠뻑 젖은 일도 있었다.

당시는 등하교할 때 우리 마을로 오기 위해서는 장위마을 입구를 꼭 지나야 했다. 몇몇 불량패 선배들의 괴롭힘 때문에 그 마을 입구를 지나치기가 무척 두렵고 걱정이 되었다. 우리 마을보다 약 5배 정도 더 큰 마을이라 항상 우리 마을을 얕보고 괴롭혔기 때문이다.

어린 시절 나는 밥 먹기보다 씨름을 더 좋아했다.

전역 후 서울에서 직장생활을 하면서도 씨름 경기가 있는 날이면 무슨 수단과 방법을 가리지 않고 하던 일을 멈추고 TV를 보거나 라디오 중계방송을 들었다. 씨름 마니아였으니까. 나의 성격은 어릴 때부터 한 가지 일에 몰입하면 완전히 빠져드는 성격이었다. 생중계를 보지 못한 날은 집으로 전화를 걸어 아내에게 공테이프에 녹화하도록 부탁하고 휴일이면 녹화 테이프를 재생하여 온종일 집에서 승패를 분석하는 씨름광이었다.

얼마나 씨름에 빠졌으면 씨름 경기는 해설도 할 수 있을 정도였다. 개인적인 생각이지만 씨름을 밥 먹기보다 더 좋아한다. 하루는 민속씨름 출범 이후 첫 번째로 천하장사 결정전이 장충체육관에서 벌어졌다. 나는 이 경기만은 절대 놓칠 수 없어 조퇴하고 곧바로 근무지를 나와 택시를 타고 결승전이 벌어지는 장충체육관을 향해 달렸다.

매표장 입구에는 경기가 시작되기 전부터 많은 인파로 붐볐다.

민속 씨름대회에 처음으로 창설된 천하장사 씨름대회라 대회 기간 내내 장충체육관은 발 디딜 틈 없이 많은 관중으로 장사진을 이루었다.

당시 천하장사 대회의 가장 유력한 우승 후보로 점쳐진 장사는 역시 모래판의 양대 산맥이자 맞수 홍현욱과 이준희 장사였다.

하지만 스포츠는 '각본 없는 드라마'이다. 길고 짧은 것은 대 보아야 한다.

드디어 경기가 시작되었다. 대회 초반부터 이변이 일어나기 시작하였다. 당연히 결승에 오를 것으로 많은 전문가가 예상했던 홍현욱 선수가 16강전에서 장용철 선수에게 패하면서 8강에도 오르지 못하는 수모를 겪으며 눈물을 흘리고 경기장을 쓸쓸히 떠났다. 모래판은 다시 술렁이기 시작했다.

결승을 앞둔 4강에는 최강자 이준희 선수와 빠른 스피드로 화려한 뒤집기 기술을 자랑하는 최단신 최욱진 선수, 16강 예선전에서 우승 후보 홍현욱 선수를 무너뜨리는 이변을 연출한 전남 구례 출신의 장용철 선수, 경남대 2학년에 재학 중인 학생 장사 이만기 선수가 4강에 합류했다.

4강 진출자 중 장용철과 이준희 선수는 백두급 선수이고 이만기 선수와 최욱진 선수는 아래 체급인 한라급 선수였다. 하지만 최욱진 선수와 이만기 선수는 체급의 한계를 뛰어난 기술과 스피드로 극복하고 백두급 선수를 각각 물리치고 결승에 진출하는 이변을 일으켰다. 그중에서도 이만기 선수의 결승 진출은 그 누구도 예측하지 못한 대이변이었다. 당시 홍현욱 선수와 더불어 씨름판의 양대 산맥이자 맞수인 이준희 선수를 2:1로 제압하는 이변을 일으킨 것이다.

21세 대학생의 반란은 여기서 멈추지 않았다. 전날 한라장사 결승전에서는 이만기 선수가 최욱진 선수와 맞붙어 장사 타이틀을 놓치고 다시 천하장사 결승전에서 두 선수가 맞붙게 된 것이다.

결승전 2:2로 팽팽한 대결이 펼쳐지던 마지막 판에서 이만기 선수는 시작과 동시 특유의 들배지기를 시도하며 최욱진 선수을 들어 올린 상태에서 순간 호미걸이를 구사하여 최욱진 선수을 쓰러뜨리며 그림 같은 명승부로 천하장사 이만기의 탄생을 알리는 순간이었다.

이만기 선수는 포효하며 모래판에 모래를 파헤쳐 관중석으로 흩뿌리며 기쁨에 눈물을 흘리고 아쉽게 패한 최욱진 선수도 모래판에 엎드려 아쉬움의 눈물을 흘려 팬들의 눈시울을 뜨겁게 하며 장충체육관은 흥분의 도가니였다. 누구 한 사람 예상하지 못한 대이변이 연출되었기 때문이다.

죽을힘을 다하는 운동선수들의 프로 근성을 보면서 많은 것을 보고, 나 자신의 삶을 반성해 보는 인생 공부가 되었다

후진양성을 위해 요리학원을 운영하면서

1993년 나는 실무에서 터득한 전문지식과 기술을 바탕으로 조리 지망생

들과 후배 조리사들을 가르쳐 보겠다는 새로운 각오로 교육자의 길로 나서기로 결심하게 된다! 그해 2월, 63빌딩 조리차장에서 부장 발령을 받자 대표이사의 간절한 만류도 뿌리치고 사표를 제출하게 된다.

학원 운영은 생각보다 쉽지 않았다. 실무에서는 전문분야인 서양 요리만 잘하면 되지만 요리학원은 수강생들을 가르쳐야 하기 때문에 이론과 실습을 병행할 수 있어야 하고 한식, 양식, 중식, 일식, 가정요리, 출장요리까지 모든 강의를 다 할 수 있어야 하는 어려움이 따랐다. 모든 강의를 다 하기 위해서는 국가자격증취득이 필수였다. 양식조리사 자격증만 있는 나는 한식, 일식, 중식 자격증이 모두 필요하였다. 그래서 때때로 전문 강사들의 강의를 수강생들 몰래 뒷자리에 앉아서 청강을 하며 자격증을 취득하기 위해 열심히 노력하였다. 실습은 주로 수강생들이 없는 시간을 이용하고 휴일에는 집에서 예상 과제로 한 가지씩 만들어 보면서 연습을 반복하였다. 그로부터 6개월 후 나는 수강생이 적은 시간을 이용하여 한식, 일식, 중식

직업진로 특강시간

강의도 하나씩 하기 시작하였다.

할 수 있다는 자신감과 꾸준한 노력이 있다면 우리는 무엇이든지 할 수 있다고 나는 확신한다.

역시 원장님은 양식 체질이야

실업계 고등학교 위탁교육생을 위한 한식조리 수업 때의 일이 지금도 잊히지 않는다. 맨 앞줄에 앉은 짓궂은 한 남학생이 내가 하는 한식 강의가 얼마나 서툴러 보였는지 "역시 원장 선생님은 양식 체질이야." 하며 비웃는 것이 아닌가. 순간 얼굴이 붉게 달아오르며 무안하고 창피했다. 쥐구멍이라도 있으면 들어가고 싶은 심정이었다. 그 학생의 말이 틀린 말은 아니었다. 양식전문가인 원장이 한식 강의를 처음 시작하니 서툴러 보일 수밖에 없는 것은 기정사실이다. 천릿길도 한걸음부터 시작이란 속담이 있듯이 요리강습도 하루아침에 능숙할 수는 없는 일이다. 그래서 모든 분야에는 경험과 전문지식이 필요한 것이 아닌가!

'그래, 전문 강의를 하기 위해 먼저 국가자격증을 모두 취득하자. 자격증 없이 수강생들 앞에서 강의를 한다는 것은 있을 수 없는 일이야.'

그때부터 나는 닥치는 대로 배우고 또 가르치면서 한식·일식·중식조리 기능사 자격증을 취득하기 위해 도전하기 시작하였다. 당시 하나의 에피소드로 마포 산업인력공단에서의 일이 어렴풋이 기억난다. 한식 실기시험을 보기 위해 아침 일찍 마포 한국산업인력공단 수험자 대기실에 앉아 있었다. 혹시 내가 가르치는 학생들을 만날까 봐 나름대로 위장을 하고 있었다.

그런데 한 남학생이 먼 거리에서 나를 보고 다가와서는 "안녕하세요! 원장님." 인사하며 "원장 선생님이 여기에 무슨 일로 오셨어요? 심사위원으로 오셨어요?"라고 묻는 것이 아닌가. 순간 나는 엉겁결에 "응, 내가 자격증을 취득한 지 하도 오래돼서 지금은 과제가 어떻게 나오는지 알아보기 위해서 왔어."라고 하니까 그러시냐면서 자리로 돌아가는 것이 아닌가. 물론 요리학원 원장이 자격증이 없으리라고는 상상조차 못했을 것이니 당연한 일이 아닐까.

그러나 혹시라도 알려지기라도 하면 원장이 자격증도 없이 강의를 한다는 입소문과 함께 학원은 끝장이기 때문에 조심스러웠다. 그런데 예상치도 못한 결과가 벌어졌다. 틀림없이 합격으로 믿고 있었는데 결과는 불합격이었다. 자존심과 체면이 말이 아니었다. 학원 강사들에게도 면목이 없었다. 학생들을 가르치는 원장의 신분으로 또 그것도 조리기능사시험에 떨어졌

지역특산물 창작요리소개

다는 것은 내생에 최대의 수모이자 망신이 아닐 수 없었다. 며칠 동안 식사도 제대로 할 수 없고 잠도 편히 이룰 수 없었다. 잠자리에 눕기만 하면 과제가 눈앞에 아른거렸기 때문이다.

실패는 성공의 어머니라고 하지 않았는가! 그 후부터 나는 더욱더 용기를 내어 열심히 연습에 연습을 거듭하여 재도전 끝에 1년 만에 한식조리사 자격증과 중식, 일식, 직업능력개발 훈련교사 2급자격증까지 모두 취득하면서 완벽한 강사자격을 모두 갖추게 되었다.

남을 가르치려면 내가 먼저 경험해 보는 것보다 더 좋은 공부는 없다.

내가 왜 학원을 운영하려 했는지

그러나 예상치 못한 요리학원 실패로 20여 년간 쌓은 공든 탑이 하루아침에 무너지는 허탈감과 좌절감에 빠지게 되었다.

기대와는 달리 개원 후 현실은 너무 달랐다. 학원생 모집이 잘되지 않았다. 전단지를 5만 장 이상 배포하는 등 학원 홍보에 많은 자금을 투자하여도 원생은 많이 모이지 않았다. 고민 끝에 다시 직장생활을 하기로 결심하고 학원을 정리한 후 동분서주하였지만 마땅한 직장을 구하기란 쉬운 일이 아니었다. 장기적인 경기 침체와 기존 호텔의 포화상태로 호텔 셰프 자리는 커녕 호텔에 취업한다는 것 자체가 쉬운 일이 아니었다. 처음에는 선후배와 동료들로부터 위로의 전화도 많이 오고 구직에 관한 전화도 종종 받곤 하였으나 시간이 지날수록 횟수가 점점 줄어들면서 정보도 서서히 끊어졌다.

나는 기약도 없이 무작정 기다릴 수 없어 처음으로 직업전환을 조심스럽게 생각해 보게 되었다. 승승장구하며 화려했던 직장생활과 자존심을 하루 아침에 다 버리고 고향으로 내려가서 농사일을 다시 해 볼까 하는 생각까지 하면서 실의에 빠져 괴로운 나날을 보내야만 했다.

그러던 어느 날 우연히 서울신문 하단에 실린 광고를 보고 자동차운전학원 기능검정원이 되기로 결심하였다. 기능검정원 시험에 합격하면 준경찰 공무원으로 대우를 받게 됨과 동시에 운전학원에서 기능검정원과 기능강사로 활동할 수 있으며, 안정된 생활이 보장된다는 내용이 아닌가! 이번 기회에 차라리 직업을 바꿔 보자는 생각에 마음이 동요하기 시작하였다.

나는 곧바로 기능검정원이 되기 위해 이론 교재와 강의 테이프를 구입하여 한 달 동안 밤낮으로 열심히 시험공부에 매진하였다. 그러나 2~3개월 후에 시행한다는 제2회 자동차운전학원 기능검정원 시험이 무기한 연기되었다. 실망과 깊은 허탈감에 빠지면서 삶에 대한 회의를 느끼고 다시 조리사의 길을 걷기로 결심하였다. 아마 그 당시 시험이 곧바로 있었더라면 내 운명은 달라졌을 것이다.

역경을 딛고 재취업에 성공하여

그러던 어느 날 조선호텔에 근무하는 동료로부터 프레스센터 외신기자 클럽에서 조리부장을 공개 모집하니 이력서를 한번 넣어 보라는 반가운 전화 한 통을 받고 기회를 놓칠세라 황급히 이력서를 준비해 제출하였다.

며칠 후 1차 서류심사 합격통지서와 함께 2차 실기시험 일정을 통보받았다.

실기테스트메뉴

- Assiette de Saumon Fume Maison et Caviar.
- Consomme de Canard Celestine
- Dorade en Croute de Pomme de Terre Sauce Vermouth
- Coeur de Filet de Boeuf Sauce en Deux Poivres
- Salad de aux Primeurs Melange
- Rack and Roll(Fried Ice Cream)

심사가 끝난 후 심사위원 일동 기립박수를 치면서 프랑스 요리의 맛과 예술성에 감탄하였다. 특히 재무이사를 맡고 있는 여자 외신기자분께서는 후식으로 제공된 아이스크림 튀김은 콜드(Cold)와 핫(Hot)이 조화를 이룬 환상적인 예술작품이었다고 감탄하였다.

며칠 후 결과는 최종 합격이었다. 준비된 사람에게는 언젠가는 기회가 온다고 하지 않았는가! 직장생활을 하면서 한 달도 휴직을 해 본 적이 없는데 요리학원 실패로 약 4개월 정도 실직자 신세가 되다 보니 직장의 소중함과 실직자의 서러움을 그제야 뼈저리게 알게 되었다. 또한 돈으로도 살 수 없는 많은 인생 공부를 하면서 순간의 실수가 그 사람의 인생을 바꿔 놓을 수도 있다는 사실도 함께 깨닫게 되었다.

힘든 시련이나 고난, 위기 상황에 빠졌을 때 그 상황을 벗어나거나 수습을 하는 과정에서 자기 자신의 능력을 키우기 때문에 전화위복의 새로운 기회가 생기게 된다.

실패는 성공하라고 있는 것이고 장애물은 뛰어넘으라고 있는 것이며 슬품과 시련은 극복하라고 있는 것이 아닐까!

강원랜드 초대(初代) 조리 팀장으로

1970년대까지 국내 최대 석탄산업 중심지의 역할을 하던 사북, 고한 일대는 1980년대 이후 석유 등 대체연료의 사용 확산과 정부의 감산 정책으로 지역의 경제가 급격한 사양길에 접어들었다.

지역 대다수 노동인구가 생계를 위하여 외지로 이동하기 시작하면서 급격한 인구감소로 지역의 민생과 경제는 심각한 위기를 맞았다.

침체된 지역 경기를 부양하기 위하여 정부는 폐광 지역 특별법을 제정하였고 이는 곧 카지노&호텔인 (주)강원랜드 설립의 계기가 되었다. 희망을 잃고 곳곳에 흉물스러운 폐광의 잔해만이 남은 지역이었다.

처음 접한 적막한 풍경의 생경함은 가끔씩 온몸에 소름이 돋게 하는 이질감을 느끼기에 충분하였지만, 낙후된 지역을 회생시키고자 설립된 회사이기에 2000년 7월, 나는 강원랜드 창업멤버로 입사하게 되었다. 입사 후 전공을 살려 취업교육생 교육훈련과 지역민을 위한 한식조리기능사 자격증반의 교육을 담당하면서 조리사들의 고시시험이라 불리는 조리기능장 자격시험에 도전할 수 있는 기회가 주어졌다.

이번 기회에 나도 조리기능장에 도전하기로 결심하고 열심히 필기시험 준비를 한 결과, 1차 필기시험에 당당히 합격하였다. 그러나 2차 실기시험은 한식은 필수며 양식, 중식, 일식, 복어 요리 중에서 한 종목은 선택형이다.

프랑스 요리가 전문인 나는 선택형인 양식은 자신 있지만 필수종목인 한식이 걱정이 되었다. 특히 한식은 궁중 요리에서 한과까지 다양한 과제가 출제되기 때문이다. 그러나 학원에서 한식조리사 실기강의와 실기교재를 집필한 경험이 있어 그렇게 걱정할 일은 아니었다. 요리는 기본기만 잘 닦여 있으면 어떠한 재료와 과제가 주어져도 소화할 수 있기 때문이다.

기능장 시험은 실기에서 보통 3번 이상 떨어지는 것이 기본이라는 입소문을 여러 번 들었기 때문에 한 번에 합격하는 것은 기대하지 않았다. 처음에는 한식과 양식이 어떤 방식으로 출제되는지를 경험하고 본격적으로 시험 준비를 한다는 작전을 세웠기 때문에 부담 없이 편안한 맘으로 실기시험을 치를 수 있었다. 오전에 3시간 동안 한식 실기시험을 본 결과, 예상외로 평소에 알고 있던 문제가 출제되어 다행이었다. 사슬적, 장김치, 취나물, 용봉탕, 율란 등 다양한 과제가 출제되었다. 부담감 없이 치르는 시험이라 오히려 긴장하지 않고 차분히 요리를 하다 보니 평소보다 만족스럽지는 못했지만 예상외로 완성작품이 잘된 것 같아 마음이 편안하며 더 큰 욕심이 생겼다.

그 후 한 시간 동안 점심시간에 공단 매점에서 김밥 한 줄로 간단히 끼니를 때우고 오후 1시부터 양식 시험장으로 이동하였다. 프랑스 요리를 전문으로 하였고 또 프랑스 요리서적을 두 권이나 번역한 경험이 있어 어떠한 문제가 출제되어도 서양 요리는 자신이 있었다. 편안한 마음으로 실기시험장으로 들어서 재료를 보는 순간, 안도의 웃음이 나왔다. '오늘 운이 좋구나. 실수만 하지 않는다면 합격할 수도 있겠는데?' 하는 생각이 들었다.

메뉴는 3코스 요리인데 게살과 사과로 속 채운 훈제연어, 맑은 버섯 콘소메와 치킨 덤플링, 오리가슴살 로스트와 비가라드 소스, 더운 야채요리로 라따뚜이와 베르니 포테토가 출제되었다. 실무에서 항상 하는 요리라 편안한 마음으로 비교적 쉽게 요리를 완성할 수 있었다.

시험장을 나오는 순간 기대 이상 한식과 양식 모두 실기시험을 잘 본 것 같아 기분이 좋았다. 어쩌면 될 수도 있겠다는 생각이 들었지만 실기시험은 한 번에 합격하기는 어렵고 기본이 3번이라는 소문을 수차 들었기 때문에 합격은 생각하지도 않았다.

도내 첫 조리기능장 탄생

1개월 후 기다리고 기다리던 합격자 발표 날이 다가왔다. 밤 12시 정각부터 ARS에서 합격자 발표를 하는데 밤 10시경 잠깐 잠이 들었을까. 순간 위에 놓아둔 폰에서 삐삐하는 호출음에 잠이 깨 시계를 보니 밤 12시 정각이었다. 핸드폰을 열어 보니 '기능장 최종 합격자 발표'라는 메시지가 들어와 있었다. 순간 긴장되어 가슴이 떨리기 시작하였다. 혹시 합격이 되었으니 신호가 오는 것이 아닌가, 하는 생각을 하니 더욱더 긴장되고 가슴이 두근거리는 전율을 느끼며 음성메시지를 따라 수험번호를 누르기 시작하였다.

마지막 멘트에서 "맞으면 1번." 하는 순간 떨리는 가슴을 진정하며 1번을 누르자 "축하합니다! 축하합니다! 당신의 합격을 축하합니다!"라는 팡파르가 울려 퍼지기 시작하였다. 깜짝 놀랐다. 내가 혹시 꿈을 꾸고 있는 것은 아닌가 하고 정신을 차려 다시 한번 수험번호를 천천히 입력하여 확인해 본 결과 합격이 확실하였다. 순간 가슴이 찡하며 두 눈에서는 눈물이 쭉 흘러내렸다.

심야에 곤히 잠들어 있을 아내에게 제일 먼저 전화를 걸어 이 사실을 알렸다. 당시 조리기능장시험은 1년에 한 번 있는데 전국에서 약 300~400명 정도가 접수하여 1차 필기시험을 거친다. 그리고 2차 실기시험에서 최종 4명에서 7명 정도 합격하기 때문에 조리사의 고시시험이라고까지 불리는 어려운 관문이었다. 나는 좋아서 어쩔 줄 몰랐다. 지난 일들이 주마등처럼 떠올라 뜬눈으로 밤을 지새우며 감격의 눈물을 흘리고 또 흘렸다.

강원랜드 조리팀장 시절

이튿날 출근과 동시에 나는 총지배인실로 달려가 이 사실을 먼저 호텔 총지배인께 알렸다. 총지배인은 도내 첫 조리기능장 탄생이라며 강원랜드의 경사라고 좋아하시며 곧바로 사장님께 이 사실을 보고하고 강원일보사와 강원도민일보, 강원민방 등 방송국에도 모두 알렸다. 이 사실이 알려지자 신문사와 방송국에서는 도내 첫 조리기능장 탄생이라고 인터뷰와 방송 출연이 쇄도하였다. 바쁜 일정을 보내면서 회사에서 주어진 특별휴가로 미국 라스베이거스 여행과 격려금도 함께 받게 되면서 명실상부한 조리사로서의 명성과 입지를 굳히며 자신과의 약속을 지켰다.

30년 요리 외길인생

이론·실제 겸비 요리박사

도내 최초로 '조리기능장' 타이틀을 거머쥔 森종옥 씨(53· 강원랜드 메인호텔 조리팀장)는 "조리사로서 최고의 영예를 안은 만큼 고객들에게도 그 만큼의 영광과 맛을 음미할 수 있도록 하겠다"고 밝혔다.

'조리기능장'의 영예는 국내 160만 명에 이르는 조리사 가운데 단 80명만 향유하고 있는 조리업계의 최고 권위.

森 팀장은 "음식을 취급하는 조리사라면 누구나 꿈꾸는 최고 권위의 '조리기능장'은 이론과 경험이 뒷받침돼야 도전할 수 있는 것"이라며 "한식과 양식은 물론 어떤 메뉴도 소화할 수 있는 실력이 있어야 한다"고 강조했다.

森 팀장의 이러한 주장은 그의 이력이 뒷받침해 주고 있다.

지난 1974년 조리사 면허증을 취득한 森 팀장은 지금까지 한식, 양식은 물론 일식, 중식조리사 자격증에 이어 조리 훈련교사 및 조리실기교사 자격증까지 취득한 실력파.

근무 경력도 화려하다.

프라자호텔과 신라호텔, 서울가든호텔을 거쳐 프레스센터 조리부장을 지낸 뒤 세계 요리학원을 직접 경영하기도 했다.

틈틈이 쓴 조리 관련 서적도 서양조리기술론을 포함 4권에 이른다.

강원랜드 메인호텔로 자리를 옮긴 뒤에도 森 팀장은 '한식조리사 자격증' 취득을 위한 무료 강좌를 개설, 지역 주민들에게 환영을 받았다.

50을 넘긴 나이에도 불구하고 森 팀장은 "학·석사 과정을 모두 마친 뒤 퇴임 후에는 후학양성에 힘쓸 것"이라며 "조리기능장보다 한 단계 위인 조리업계의 인간문화제 조리 명장에도 도전할 생각"이라고 포부를 밝혔다.

旌善/ 姜秉路 brkang@kado.net

홍콩 국제요리대회 국가대표팀 자격으로

2004년 강원랜드 조리팀이 국가대표팀 자격으로 홍콩 국제요리대회에 출전하게 되었다. 홍콩 국제요리대회는 4년마다 한 번씩 개최되는 대회로서 크게 개인전과 단체전으로 나누어서 진행된다. 일본, 중국, 싱가포르, 말레이시아 등 13개국이 참가한다. 홍콩 국제요리대회는 싱가포르 대회와 함께 동남아시아에서 가장 권위 있는 대회로 명성이 나 있다.

강원랜드 조리팀은 2004년 2월 13일에 개최되는 홍콩 국제요리대회에 참가하기 위해 팀을 구성하였다. 팀 구성은 팀장 1명에 팀원 2명으로, 모두 3명이 3시간 동안에 3가지 코스 요리를 만드는 미스터리 셰프테이블 현장 경연이었다. 경기는 시작과 동시에 2개의 밀봉된 박스를 즉석에서 개폐시켜 재료를 분류하고 레시피를 작성한 다음 30분 이내 심사위원에게 제출한 후 요리를 만드는 박진감 넘치는 현장 경연이다.

우리 팀은 3개월 전부터 연회장 주방에 모여 손발을 맞추며 예상되는 재료로 메뉴를 구성하여 경연 준비에 전력투구하였다. 그러나 평소 예상한 재료를 벗어난 새로운 재료가 주어지면 예상치 못한 상황이 벌어질 수도 있는 것이 미스터리 셰프테이블 경연이다. 어떠한 재료가 주어져도 즉석에서 메뉴 구성과 창작요리를 만들어 낼 수 있는 기본 실력과 임기응변이 필요하다. 우리 팀은 경연 하루 전 현지에 도착하여 현장 시설을 점검하고 다른 팀의 경연을 지켜보면서 치밀한 작전을 세웠다. 그러나 꼭 금메달을 따야 한다는 압박감에 잠도 제대로 잘 수 없었다.

경연 전날 밤 잠깐 잠이 들었는데 경연 현장에서 요리하는 꿈을 꾸었다. 식당에 한나라당 대표가 어떤 손님과 함께 들어왔다. 동행한 손님은 누구인지 알 수 없지만 전골을 주문하였는데 대표가 양배추가 있냐고 묻기에 있다고 하니 썰어서 무쳐 달라고 하였다. "마요네즈를 넣을까요?" 하였더니 마요네즈는 싫고 다른 소스로 무쳐 달라고 하기에 초 기름소스가 문득 떠올랐다. 그러나 양배추를 찾아보니 모두 줄기 부분만 남아 있었다. 하나하나 골라 곱게 채를 썰려고 하는데 양이 너무 부족하여 쩔쩔매다 1인분 정도 간신히 썰어 놓고 초 기름소스를 만들기 위해서 마늘을 찾는데 마늘이 한쪽도 없었다. 그때 대표가 밖으로 나오기에 마늘이 없다고 하니 자기가 집에 가서 가져오겠노라고 하면서 집으로 갔다. 그 후 썰어 놓은 양배추를 씻기 위해 수돗물을 트는데 찬물은 나오지 않고 뜨거운 물만 나와 어쩔 줄 몰라 당황하던 차 소변이 마려워 잠에서 깼다. 깨어 보니 꿈이었다.

꿈을 어떻게 해석해야 할지 모르겠지만 경연에 깊이 몰입하다 보니 이런 악몽에 시달리기도 했다. 경연을 목전에 두고 불길한 꿈이 아니길 기대하면서 초조한 마음으로 일전을 기다렸다.

악전고투 끝에 드디어 경연 날이 다가왔다. 우리 팀은 경연 2시간 전인 아침 7시에 경연장에 도착하여 짐을 내리고 준비를 끝냈다. 그제야 한 팀 두 팀 들어오기 시작했다. 경기 시작 10분 전, 각 조의 팀장들은 심사위원장의 심사규정과 주의사항에 대한 설명을 듣고 블랙박스를 들고 부스로 돌

홍콩 국제요리대회에서 경연을 마치고

아와 조리기구의 이상 유무를 점검하고 시작신호를 기다렸다. 시작신호와 함께 2개의 밀봉된 박스를 오픈해 메뉴와 레시피를 즉석에서 작성해 심사장에게 제출하고 각 팀별로 박진감 넘치는 경연이 시작되었다.

국가대표팀이란 부담감과 메달을 꼭 따야 한다는 중압감에 긴장하고 당황한 나머지 우리 팀은 2시간 반 동안 만들어야 하는 3가지 코스 요리(전채, 메인, 후식)를 2시간 만에 완성해 버렸다. 긴장하지 않고 평소처럼 침착하게 하였더라면 더 좋은 작품을 만들었을 텐데 하는 아쉬움을 남긴 채 경연은 모두 끝났다. 우리 팀만이 아니라 다른 팀 모두 상황은 비슷하였다. 금메달은 주최국인 홍콩에 돌아가고 우리 팀은 2위를 하면서 은메달을 수상하였다.

진정한 메달은 마음의 메달이라고 생각한다. 내가 이 대회를 통하여 무엇을 얼마나 많이 보고 느끼고 배웠느냐가 중요하다. 메달은 색깔의 차이에 불가할 뿐이다. 국제대회에서의 경험은 메달보다 더 소중하고 값진 최고의 현장 경험으로 교육 현장에서 후배 조리사들을 지도하는 데에도 큰 도움이 되리라 생각된다. 남을 지도하기 위해선 내가 먼저 경험해 보는 것이 가장 좋은 공부가 아닐까.

요리왕 도전기 5부작

2007년 4월 조리인들의 대축제인 국제요리대회가 서울 코엑스 대서양홀에서 개최되었다. 강원랜드 조리팀은 개장 후 처음으로 단체팀을 출전시키기로 결정하고 나는 팀장을 맡았다. 팀 구성은 팀장 1명에 제과사 1명을 포함한 팀원 6명이 한 팀으로 구성된다. 단체팀 경연은 냉요리 부문과 온요리 부문으로 나누어진다. 냉요리는 규정에 맞게 카테고리별로 음식을 만들어서 부스에 진열하고, 온요리는 라이브 경연으로 100명분의 음식을 경연 현장에서 직접 만들어 고객들에게 판매하면서 준비 과정과 숙련도, 팀워크, 고객들의 인기도 등으로 심사위원들이 채점하는 단체팀 경연이었다.

우리 팀은 경연 3개월 전부터 연회장 주방에 모여 치밀한 작전을 세워 메뉴를 구성하고 연습에 몰입하였다. 작품을 만드는 데에 모든 아이디어를 총동원하였으나 좀처럼 맘에 드는 작품은 나오지 않았다. 연습에 열중하다 끼니를 놓치는 경우도 한두 번이 아니었다. 그럴 때면 즉석에서 라면으로 한 끼를 때워 가며 정시 퇴근은커녕 휴일도 반납한 채 피나는 연습을 거듭하였다.

그러나 하면 할수록 어려운 것이 요리라는 것을 다시 한번 실감하게 되었다. 일정이 가까워질수록 피로감은 누적되고 마음먹은 대로 작품은 만들어지지 않고 짜증만 났다. 포기할 수 있다면 포기하고 싶은 생각이 굴뚝같았다. 힘든 일이 닥칠 때마다 나는 혹독한 해병대 생활을 떠올리며 위기를 극복하곤 하였다. 여기서 포기할 수 없다고, 우리는 회사와 개인의 명예를 위해 꼭 금메달을 따야 한다는 야심 찬 각오로 좋은 작품을 만들기 위해 동분서주하며 전력투구하였다. 팀원들이 힘들어할 때면 다 같이 구호를 외쳤다.

"우리는 할 수 있다. 우리는 무엇이든 할 수 있다. 우리는 우리의 능력을 믿는다!"

이렇게 큰 소리로 외치고 나면 힘과 용기가 다시 솟구친다. 그러나 시간이 가면 갈수록 작품은 마음먹은 대로 만들어지지 않고 초조하기만 하였다.

경연 3일 전, 우리 팀은 각자 맡은 카테고리로 완성 작품을 만들어 품평회를 갖고 부족한 부분을 보완하여 경연 당일 새벽 1시에 강원랜드에서 출발하였다. 가는 차 안에서 잠깐 눈을 붙였지만 팀장인 나는 도착할 때까지 여러 가지 복잡한 생각에 잠이 오지 않았다. 며칠간 잠도 제대로 못 자고 초췌한 모습으로 지쳐 있는 팀원들을 보니 무척 안쓰럽고 마음이 아팠다. 고수가 된다는 것이 이렇게 힘들고 어려운 것인가.

5시간 후인 아침 6시에 코엑스 대서양홀 경연장에 도착하였다. 우리 팀은 근처에 있는 해장국집에 들러 간단히 아침식사를 하고 출품할 작품들을 그릇에 하나하나 정성껏 담아 정해진 부스에 진열하였다. 그때 강원민방에서는 〈요리왕 도전기〉 5부작을 준비기간 내내 같이 제작하면서 우리 팀과 현장에서 3주간을 동고동락하였다. 힘들 때마다 서로를 위로하며 준비과정부터 작품을 만들어 현장까지 이동하는 과정, 경연 현장에서의 희비가 엇갈리는 진풍경들을 카메라에 담으며 생동감 넘치게 제작하면서 지쳐 있는 우리 팀에게 틈틈이 인터뷰를 요구하였다. 그럴 때면 피로에 지쳐 초췌한 모습이 TV에 방영되는 것이 싫어서 카메라를 피해 다니며 투정도 많이 부렸다.

결과는 고생한 보람답게 냉요리 부문과 온요리 부문에서 모두 금메달로 보건복지부장관상을 받았다. 나는 금메달이 확정되는 순간 가슴이 찡하며 눈물이 핑 돌았다. 우리는 서로를 부둥켜안고 축하의 기쁨을 같이 나누는 최고의 성과를 올리며 노력한 대가는 반드시 온다는 진리도 알게 되었다.

하이원리조트 냉요리 부문 전시

지역 영세식당 컨설팅의 보람

강원랜드로 옮긴 지 4년 후인 2005년, 드디어 나의 뜻을 실천할 수 있는 좋은 기회가 찾아왔다. 강원랜드 조리팀에서는 희망과 꿈을 상실하고 한숨만 쉬고 있는 지역 영세식당을 살리기 위한 봉사팀을 구성하고 회사 지원을 받아 본격적인 활동에 나섰다. 단순한 지원 위주의 봉사활동보다는 생업에 지속적인 도움을 줄 수 있는 활동으로 식당 업주분들께 내가 쌓아 온 조리기술의 노하우를 아낌없이 전수하는 것이 구체적인 방안이었다.

요리의 맛, 비법 전수라는 캐치프레이즈를 내걸고 요리기술지도부터 그 외의 주방시설, 위생, 서비스에 대한 세세한 부분까지 직접 현장을 방문하여 1:1 면담 위주로 개선활동을 시작하였다.

매주 수요일이면 어김없이 조리기구와 위생복을 챙겨들고 비가 오나 눈이 오나 한결같이 영세한 식당을 찾아다니며 순회 교육에 나섰다.

대다수 지역 영세식당들의 가장 큰 문제점은 업주들의 요리에 대한 기본 지식과 식당 운영 경험 부족으로 인한 효율적이고 전문적인 관리가 어렵다는 것이었다. 잘되는 식당을 무조건 따라한다는 단순한 생각만으로 이것저것 메뉴를 많이 만들다 보니 요리의 전문성이 떨어지고 재료 낭비로 인한 원가상승이 가중되어 더욱더 어려움을 더해 갔다. 대부분 업소가 개업 초기에는 4~5종류의 메뉴로 시작하였다가 시간이 지날수록 불필요한 메뉴를 지속적으로 추가하면서 1년이 지나고 2년이 지나면서 많게는 20여 종으로 메뉴의 가짓수만 늘어났다. 영세식당에서 이렇게 많은 메뉴를 업주 혼자서 주문을 받으면서 요리를 만들어 서빙까지 하기란 쉬운 일이 아니다. 영업시간이 끝나면 몸은 천근만근 파김치가 되는 반면, 매상은 별반 다를 것이 없는 상황이 지속되다 보니 점차 의욕을 잃어 가는 업주들의 모습이 너무 안타까웠다.

활동 초반에는 우리의 의도를 이해해 주지 못하는 업주들의 반발 또한 만만치 않았다. "바쁜데 귀찮게 찾아와서 왜 간섭이냐? 도대체 우리가 뭘 잘못했느냐?"라며 냉랭하게 푸대접하거나 아예 문전박대를 당할 때도 비일비재하였으니까. 사실 그럴 때마다 매우 황당하기도 하고, 때로는 민망함을 느껴 활동을 멈추고 싶은 심정이 들기도 하였지만, 이렇게 쉽게 포기할 수 없다는 투지를 불태웠다.

나는 시간이 날 때마다 메뉴와 요리에 대한 문제점을 하나하나 찾아 개선하면서 업주분들에게 호소하였다.

"사장님께서 잘못하셔서 내가 이러는 것이 아닙니다. 더욱 잘하실 수 있도록 나의 미약한 재주나마 보태 드리려 합입니다. 단순히 잘못이 있어 바로 잡자는 것이 아니라 더 나아가 변화하는 고객의 입맛에 맞추어 식당도 변화해야 한다는 것을 깨우쳐 드리고 싶은 것입니다. 또한 이렇게 자본이 적은 식당일수록 고객들의 입맛을 사로잡을 수 있도록 이 집만의 독특하고 참신한 메뉴를 선보이는 것이 효과적인 식당 영업임을 깨우쳐 주십시오. 나의 30년 노하우를 아낌없이 드리겠습니다. 두렵기도 하시겠지만 나를 믿어 주시고 과감하게 환골탈태를 하신다면 성공을 향한 첫 발자국을 딛는 계기가 될 것입니다."

그런 나의 간곡한 호소는 시간이 지나면서 업주들의 마음을 열게 했고 잘못된 요리와 메뉴는 과감히 개선하였다. 이렇게 시작된 활동은 입소문이 번져 고한, 사북, 태백, 상동, 도계 등 5개 지역 60여 업소로 늘어났다. 매주 수요일이면 나는 이곳저곳을 순회하며 메뉴를 재정비하고 실습교육을 실시하였다.

마음의 문을 연 업주분들께서는 새로운 조리 방법에 감탄하여 성공의 희망을 안고 열정적으로 배웠다. 그럴 때면 나 역시 신바람이 나서 열정을 쏟아부었다. 어떤 때에는 손님이 오는 것도 잊고 실습에 열중하다 손님이 노발대발하여 식당을 나간 적도 있었다.

　점차 그렇게 함께 노력한 시간이 쌓여 가면서 드디어 하나둘 결실을 얻기 시작하였다. 대표적인 예로 상동 소재 '맷돌촌두부집'이라는 상호의 식당이 있는데 이곳은 폐업 직전의 영세식당이었다. 삼겹살부터 닭백숙, 비빔밥, 육개장, 오징어덮밥, 냉면 등 전문성이 전무한 상태에서 단지 고객들의 요구에 의해 이것저것 판매하던 곳이었다. 나의 간곡한 권유와 설득으로 두부 전문점으로 업종을 전환하여 업소에서 직접 두부를 만들고 두부에 관련된 건강식 메뉴만을 판매하며 과감한 변화를 시도한 결과, 이곳을 찾은 손님들에 의해 입소문이 나기 시작했다. 현재는 단골 고객이 늘어나면서 지금은 예약을 하지 않고는 이용할 수 없을 정도로 안정된 영업을 하고 있다. 내가 바라던 것이 바로 이런 것이어서 그곳을 지나칠 때마다 뿌듯한 성취감을 맛보았던 기억이 떠오른다.

　이러한 성공사례가 있자 다른 곳 또한 방문 일정이 잡혀 업소를 찾을 때는 이제는 식당 문전까지 나와서 반겨 주시고 왜 자주 오지 않느냐고 애교 섞인 잔소리를 하신다거나 다른 업소만 자주 가서 좋은 것 알려 주고 오는 것 아니냐는 장난기 어린 투정을 하실 때도 있다.

　하루는 조리법 전수를 마치고 돌아오는 길에 업주께서 식당 문전까지 따라 나와 양말 한 켤레, 누룽지 한 바구니를 손에 쥐어 주시면서 말씀하셨다. "여보오. 고맙소! 덕분에 손님들이 이전보다 음식 맛이 아주 좋아졌다는 칭찬을 많이 듣소! 손님도 많아지고요."라며 기쁨을 감추지 못하고 손을 꼭 잡아 주실 때도 있었다. 지성이면 감천이라더니 드디어 보람을 얻으니 나의 가슴은 찡해지고 눈시울이 뜨거워지며 피곤함도 잊게 되었다.

이제는 서로 간에 끈끈한 정도 생겼다고 난 믿는다. 이렇게 내가 폐광 지역 경제 발전에 조금이나마 이바지하고 있다는 생각에 무한한 자긍심을 느낀다. 이 일을 해 오면서 나는 봉사활동의 진정한 의미는 누가 누구에게 일방적인 도움을 주는 것이 아니라, 서로 함께 살아가는 근본적인 방법을 찾는다는 생각을 다시금 하게 되었다.

내가 평생을 바쳐 온 소중한 일에 대한 긍지와 자부심은 결코 나 혼자만의 것이 아니라 내 주변의 여러 이웃들과 함께 나눌 때보다 큰 의미를 가질 수 있었던 것이 아닐까. 아직도 많이 부족하고, 비록 시작에 불과하지만 처음보다 많이 달라지고 있는 업주분들의 의식전환을 지켜보면서 삶의 진정한 의미와 가치가 무엇인가도 알게 되었고 내가 하는 일에 대한 긍지와 자부심, 보람을 느끼면서 참다운 행복은 나누어서 커진다는 진리도 다시 한번 깨닫게 되었다.

돌이켜 보면 장인의 길은 멀고도 험난한 가시밭길이었다. 철저한 직업정신으로 험난한 가시밭길을 걸으면서 때론 눈물도 많이 흘렸다. 설움의 눈물, 행복의 눈물, 감격의 눈물, 좌절의 눈물. 그 눈물마다 얽힌 사연도 깊기만 하였다. 남과 같은 생각으로 남과 같이 해서는 남보다 앞서갈 수 없다는 신념. 어쩌면 평범하다고 할 수 있고 또 어쩌면 파란만장하다고 할 수 있는 내 삶의 궤적은 이렇게 진행되어 왔다. 그 궤적마다 내가 흘린 눈물자국이 남아 있지만 광적으로 달려온 외길인생이 바로 장인의 정신이요, 보람이 아닐까 생각한다!

마음으로 떠나는 산사체험

2006년 가을 강원랜드에서 산사체험프로그램에 참여하였다. 바쁜 나날 속에서 늘 무언가에 쫓기듯 살아온 일상에서 벗어나 자신을 돌아보고 싶은 마음에서였다. 봄기운이 가득한 산사에서 향기로운 솔 냄새를 맡으며 보내는 하루는 확실히 다른 경험을 안겨 주었다.

강원도 낙산사에서 새벽 목탁 소리를 들으며 잠에서 깨어나 참선과 발우공양을 통해 나를 다시 한번 돌아보는 소중한 기회였다. 절을 찾는 손님들이 하룻밤을 머물게 되는 곳은 심 검담. 방마다 사람들이 차 있을 터인데 인기척을 느낄 수 없을 만큼 조용하다 도착하면 제일 먼저 먼 길을 오느라 피곤한 몸과 마음을 풀 겸 우선 차가 나온다. 차는 머리와 마음을 맑게 해 준다고 하여 많은 사람이 즐기는 기호음료이기도 하지만 수행자에게는 잠을 쫓고 마음을 맑게 해 준다고 하여 스님들이 차를 즐기는 이유도 이런 효능 때문이라고 한다. 차를 천천히 마시는 가운데 여유로운 마음을 갖게 하므로 수행의 한가정이다.

발우공양도 수행

발우공양은 단순한 식사가 아니다. 자기 수행의 한 과정이다.

발우공양 시간 자신이 먹을 만큼만 덜고 스스로 선택한 양은 책임을 져야 한다. 밥 한 톨 남기지 않고 먹어야 하고 한 컵 정도의 물로 그릇을 닦아 그것마저 마신다. 우리는 그동안 얼마나 많은 음식을 버려 환경을 오염시키고 물을 낭비했는지 다시 한번 깨닫게 된다. 서산에 해가 지면 고요한 산사에 종소리가 울려 퍼진다. 모든 중생이 번뇌를 떨쳐 버리고 해탈의 경지에 이르기를 기원하는 소리다. 사찰에서는 보통 아침에 28번, 저녁에 33번 범종을 친다고 한다.

108번 번뇌를 끊으며

발우공양이 끝나면 온갖 번뇌를 끊겠다는 의미로 108배가 이어진다.

원하는 사람만 참가하여 108배를 원하지 않은 사람은 참선 수행을 할 수 있다고 하여 나는 참선 수행에 참여하였다.

'나는 누구인가?' 하는 근본적인 질문에 답하면서 자신을 돌아보는 시간이다. 허리를 꼿꼿하게 세우고 시선은 1m 앞을 응시하고 눈을 감아서는 안 된다. 수많은 생각들이 떠올랐다 사라지길 30여 분 참선이 끝나면 스님과 대화를 나누며 궁금한 사항을 물어보는 시간과 가족에게 편지 쓰는 시간이 주어진다.

나는 누구인가 나는 누구를 위해 살아왔는가 하는 참회의 시간을 갖다 보니 수많은 생각들이 머리에 떠오르며 아내와 가족에게 가장의 역할을 다하지 못한 죄의식에 가슴이 찡하였다.

가족 편지를 통하여 그동안 서먹했던 '여보, 당신'이란 말과 사랑한다는 말도 서슴없이 적어 보면서 앞으로 가족과 아내를 위해 내가 해야 할 일이 무엇인지 더 잘해야겠다는 자신과 약속을 하면서 글을 마무리하여 스님께 제출하였다.

그러고 나니 어느새 산사의 밤이 깊었다. 몇 시간 후, 산사의 목탁 소리가 들려온다. 산사의 하루를 시작하는 오전 3시가 되면 어김없이 들려온다. 해가 뜰 무렵 부지런히 일어나 의상대에서 해돋이를 기다린다.

오솔길을 따라 아침 산책을 하니 새로운 사람이 된 것처럼 마음이 가볍고 지금까지 별생각 없이 살아온 나 자신을 반성하고 뉘우치며 각오를 다지는 산사의 체험은 세상을 다시 한번 되돌아보는 시간이었고 우리 가족의 소중함을 새삼 깨닫게 된 좋은 시간이 되었다.

아니~ 벌써 정년퇴직이라니

2007년 10월, 여느 때와 다름없이 점심식사 시간 후 휴식 시간을 이용하여 호텔 앞 호수 주변을 한 바퀴 거닐었다. 정년퇴직이란 중압감이 문득문득 떠오를 때마다 불안 초조함이 엄습해 온다. 저 푸른 초원이 울긋불긋 단풍으로 물들어 떨어지는 날이면 나도 평생 동안 몸담아 온 직장을 떠나야 한다는 중압감을 어떻게 억제할 수 있을까.

아직 한창 일할 나이인데 직장인이라면 피할 수 없는 사형선고와도 같은 정년퇴직을 생각하노라면 일할 때나 잠잘 때나 시도 때도 없이 문득문득 불안감이 찾아오고 초조해진다. 식욕도 떨어지고 밤잠을 이루지 못할 때가 한두 번이 아니면서부터 정신적인 무력감, 남은 인생을 어떻게 살아가야 할지 하는 걱정이 태산 같았다. 직장을 떠나려고 하니 한평생 쌓아 올린 공든 탑이 한순간에 와르르 무너지는 허무함과 허탈감이 엄습해 오기 시작하였다.

오직 직장을 위해 불철주야 한평생 앞만 보고 달려온 길이 너무나 짧고 허무하기만 하였다. 돌이켜 보면 숱한 고난과 역경 희로애락의 순간들이 주마등처럼 떠오른다. 인생행로의 서글픔은 퇴직자들만이 맛보는 야릇한 감정과 힘든 나날이다.

'그래 다시 도전해 보자. 이렇게 주저앉을 수는 없어. 용기를 내야 해. 나는 할 수 있어. 나는 무엇이든지 할 수 있어. 나는 나의 능력을 믿어. 정년 후 제2의 인생을 위해 지금까지 열심히 준비해 오지 않았는가! 해 보는 거야. 다시 도전해 보는 거야.' 하면서 자신을 위로하고 제2의 인생길을 결심하였다.

그리고 후진양성을 위해 교육자의 길을 걷기로 결심하고 대학의 문을 두드리기 시작하였다. 그러나 굳게 닫힌 대학문은 쉽사리 열리지 않았다. 밤이나 낮이나 인터넷 검색창에서 교수 초빙 공고를 찾기 시작하였고, 여기저기 손발이 닿는 곳이라면 망설이지 않고 노력한 결과 행운은 나를 외면하지 않았다.

준비된 사람은 언젠가 기회가 온다는 말처럼 각고의 노력 끝에 퇴직과 함께 찾아온 3개의 행운. 태백시개발공사에서 계획하는 종합리조트사업의 조리팀장, 서울현대전문학교 석좌교수, 장안대학교 강의전담 전임교수 모집에 지원했는데 모두 합격하고 어디로 가야 하나 행복한 고민에 빠졌다.

고민 끝에 나는 장안대학교를 선택하게 되었다. 요리학원 강의를 시작으로 학원 운영과 문화센터 강의, 강원관광대학 외래교수, 강원대학교 식품영양과 겸임교수 등 폭넓은 강의 경험이 있지만 이제는 시간강사가 아닌 전임교수의 신분으로서 학생들을 가르쳐야 한다고 생각하니 걱정이 되었다.

회사는 돈 받고 다니면서 사회를 배우는 학교라 생각하고 재무설계를 하라, 퇴직 후 무엇을 할 것인지를 미리 준비하라, 직장인들은 퇴직하는 순간 사회적 죽음을 경험한다. 스스로에 대한 원망, 타인이나 환경에 대한 섭섭한 마음, 인생의 모든 것을 올인하다시피 한 회사였지만, 무언가에 얻어맞은 느낌이 드는 것이 퇴직의 허무함이더라.

인생 제 3막

정년퇴임 후의 인생

chapter 4

교육자의 길

100세 시대의 일과 삶

100세 시대. 우리나라도 초고령 사회로 접어들면서 노후 준비에 대한 관심을 두지 않을 수 없게 되었다. 특히 정년이 얼마 남지 않은 직장인들은 언제부터 무엇을 어떻게 준비해야 하는지 등이 초미의 관심사일 것이다.

정년퇴임 후 즐겁게 지낼 수 있는지는 은퇴 후가 아니라 은퇴 전에 결정된다. 퇴직 후를 즐겁게 살기 위해서는 미리 준비하여 두는 것이 좋을 것이다.

성취감이 넘치는 직업 인생을 보내고 미련 없이 정년퇴직을 맞이한 사람들이 지금 자기 자신을 찾아 몸부림치고 있다. 진지하게 살아온 자신의 삶을 후회하지 않기 위해서는 현직에 충실하는 것도 중요하지만 현직을 떠나서 할 수 있는 일을 미리 생각하고 평소에 준비해 놓지 않으면 정년퇴임 후 힘든 인생을 살아갈 수밖에 없다는 점을 명심하고 젊어서부터 꾸준히 노후 준비를 하는 지혜를 갖자.

나에게 배움이란

직장에 다니면서 공부를 한다는 것이 쉬운 일은 아니었다. 못다 한 공부에 대한 미련과 아쉬움에 나는 늦은 공부를 시작하였다. 1981년 서울 가든 호텔에 근무하면서 신설동에 있는 한 검정고시학원을 찾았다. 남들은 곤히 잠들어 있을 새벽 4시에 기상하여 첫 전철을 타고 학원에 도착, 직장인을 위한 새벽반 수업을 듣고 회사에 출근하여 하루 일과를 시작하면서 공부하여 대입검정고시에 합격하였다. 철없던 어린 시절 산골 시골마을에서 중학교를 졸업한 나에게는 신입사원 공채나 타 직장으로 이직할 때면 최종학교 졸업증명서가 큰 걸림돌이 되었기 때문에 항상 가슴 한구석에 응어리로 남아 있었다.

이후에도 배움이 있는 곳이면 어디든 달려가 주경야독으로 학문에 열중하면서 경희호텔경영전문학교 2급 지배인과정과 중앙대학교 외식산업 최고경영자과정을 다녔지만 모두 수료과정이라 학력으로 인정되지 않았다. 장래 교수가 되기 위해서는 교육부 인증 학위가 필요하였다.

다시 학업을 계속하게 된 동기라면 엘지 아워홈에 재직 시 대학교수가 되고 싶어 서울보건전문대학교 외식조리과 전임교수 초빙에 지원하였다. 그러나 최종 면접에서 학위미달로 낙방하면서 그제야 학위가 필요하다는 사실을 알게 되었고 새로운 도전의 불씨가 시작되었다.

그때부터 나는 학위를 취득하기 위해 다시 공부를 계속하기로 결심하고 2002년 강원랜드 조리팀장 재직 당시 50대 늦은 나이에 강원관광대학교에 입학하여 전문학사학위를 취득하고 곧바로 강원대학교 행정학과에 편입하여 행정학사학위를 취득하였다. 이후 초당대학교 대학원에 진학하여 이학석사

학위를 취득하며 명실상부한 대학교수로서의 자격요건을 모두 갖추었다.

교수의 길

산 정상에 오르기까지는 여러 갈래의 길이 있다. 우리네 삶도 마찬가지다. 명확한 꿈이나 목표가 있더라도 그곳에 도달하는 방법은 여러 가지 길이 있다. 오십 살에 산업체 특별 전형으로 전문대학에 입학한 내가 대학교수가 되겠다는 말도 안 되는 꿈을 꿨다. 말도 안 되는 상상이었지만 목표이후 10년이 채 되기도 전에 정식으로 대학교수로 임용되면서 나는 꿈을 이루었다. 우리나라 교육 시스템으로 공부해서 대학교수가 된다는 것은 사실상 불가능한 일일 정도로 어렵다. 명문대를 졸업하고, 해외 명문대학에서 석사나 박사 코스를 밟으며 유학을 해도 교수에 임용되기는 쉽지 않다. 그런데 어떻게 주방 접시닦이로 시작해서 대학교수가 되었을까? 대학교수가 되는 법에 대해 경험을 살려 이야기해 보려 한다.

오십 살에 대학에 들어간 나는 학문에 깊게 매료되었다. 정년퇴임 후 제2의 인생을 교육자로 학생들을 지도하는 매력적인 '삶'을 연상하며 대학교수가 되는 법을 연구하기 시작했다.

대부분 대학은 교수 임용 서류에 석사 이상의 학력을 요구한다. 나이가 나이인 만큼 가장 빠른 방법으로 석사학위를 취득할 방법을 모색하다 산업체 특별 전형을 거쳐 학부 편입과 대학원 진학으로 석사학위를 취득하기로 결심하고 노력 끝에 대학교수가 될 수 있는 자격요건을 모두 갖추었다. 그동안 꾸준히 쌓은 산업체 경력과 각종 대회 수상실적, 기능장 자격증, 학술

논문과 저서, 연구실적요지서, 사회봉사 활동과 협회 활동을 정리하여 지원한 결과 1차 서류심사 2차 공개 강의 3차 면접을 거쳐 최종 합격에 성공하였다.

특히 기술 전문직 교수는 명문대학 졸업장보다 풍부한 산업체 경력을 더 중요시한다. 교수가 되기 위해서는 오랜 기간 동안 내공을 쌓아야 꿈을 이룰 수 있다.

석사, 박사, 연구실적, 산업체 경력과 학회에 논문을 가능한 한 많이 게재하여 연구실적을 쌓는 것이 중요하다.

상대적 경쟁력을 높이기 위해서는 기술직이면 명장 또는 기능장은 필수며 수상실적. 강의경력. 특허, 사회 봉사활동과 다양한 협회 활동을 많이 할수록 유리하다는 점을 강조하고 싶다. 교수라는 직업은 그래도 자기가 하고 싶은 공부, 또한 연구하면서 사회적 명예를 얻을 수 있기에 더욱 매력 있는 직업이 아닐까?

일반적으로 현행 교수 승진 체계(전임교수)는 다음과 같다. 조교수, 부교수, 정교수 순으로 승진이 진행된다.

시간 교수(강사), 초빙교수(강사), 겸임교수는 모두 비전임교수다.

시간강사

매주 정하여진 시간에만 강의하고 시간당 일정액의 급료를 받는 강사이다. 강의료 이외의 어떤 형태로의 급료도 받지 않는다. (예를 들어 퇴직금, 방학 때 급료 등) 시간강사는 일정 시간에만 강의하므로 개인연구실 배정이 없다.

초빙교수

교육 정원 외의 사람으로 외부에서 초청된 교수다. 시간강사는 매년 계약하는 반면 초빙교수의 경우 다년 계약이 이루어지는 경우도 많다. 학교 사정에 따라 개인연구실도 배정이 된다. 시간강사와는 달리 기본료가 기본으로 지급되며 시간당 강의료를 받는다. 다만 시간강사와 동일하게 퇴직금은 없다.

겸임교수

대학교 한 군데 이상에서 강의한다는 의미로 겸임이라는 말이 붙는다. 일반적으로 다른 직장을 가지고 있으면서 대학에 강의를 나갈 때 겸임교수로는 직함이 붙는데 실무와 교직을 동시에 할 때도 붙는다. 시간강사는 학기 중에는 강사료가 지급되지만, 방학 때는 학교로부터 어떤 형태의 돈도 받지 않는 데 반해 겸임교수는 사실상 시간강사이지만 학교로부터 방학 동안에 기본급 정도를 받는 차이가 있고, 회사에 적을 둔 상태에서 대학강의 6~9학점 정도를 담당하시는 분들이 많다. 강의전담교수, 초빙교수도 겸임교수와 유사한 직함이다.

전임강사

해당 대학의 교수로 된 경우이다. 대학교수로 임용될 때 교육경력과 연구경력이 이미 많은 상태라면 조교수로 임용되지만, 대학의 기준보다 경력기간이 짧으면 전임강사로 임용된다. 최근에는 전임강사라는 직급이 거의 사라졌다. 일반적으로 전임강사 임용 후 2년 정도 후에 조교수 승진심사를 받고, 4년 정도 후 부교수 승진심사를 받으나 최근에는 이 기간이 길어지고 있는 편이다. 해당 대학의 정식 교수로 임명받는 경우이기 때문에 대학에서 지급되는 기본적인 급료를 받을 수 있다. (퇴직금 포함)

이 글은 학계의 안팎과 산업현장에서 몸소 체험한 경험을 바탕으로 장래 교수를 꿈꾸는 후학들에게 '대학교수'를 이해하고 지원하는 데 조금이나마 도움이 되기를 바라는 마음에서 써 보았다.

장안대학교에서 제2의 인생을

강원랜드를 끝으로 30여 년간 몸담아 온 산업현장을 떠나서 인생 2막을 교육계에서 다시 시작하게 되었다. 이전에 틈틈이 요리학원과 문화센터, 직업전문학교, 대학교 조리과에서 외래강사로 강의한 경험은 있지만 대부분 실습교육이라 어려움은 없었다.

그러나 대학교 전임교수로서의 역할과 강의는 그렇지 않아 책임감이 무겁고 걱정이 되었다. 학생 관리부터 이론 강의, 실습 강의까지 학과에서 주어지는 모든 강의를 소화해야 하기 때문이다.

그날부터 나는 다음 날 수업준비를 위해 전문서적을 읽고 또 읽느라 밤을 지새우며 이론수업에 만전을 기하였다. 특히 오늘날의 교수법은 교수가 일방적으로 학습을 계획하고 수업을 통제하여 학생을 지도하는 것이 아니라, 학생의 학습활동을 도와준다는 점에서 교수학습의 주체가 교수에서 학생으로 옮겨 가도록 요구되고 있다. 따라서 전통적인 교수법과 같이 일률적인 내용을 일방적으로 주입시키는 방법을 지양하지 않을 수 없게 되었

접시 담기와 꾸미기 교육

다. 이렇게 교수법의 의미는 다양하지만 가르치는 쪽에서 보면 학습 작용
이다. 따라서 교수법의 의미는 교수학습방법으로 이해할 수 있다. 내가 하
고 싶은 교육보다 학생들이 좋아하는 교육을 함으로 학생 중심형 교육이
되어야 하며 가르치고 배우는 내용의 선택이나 방법과 절차 등은 교수와
학습자의 협동적 계획에 의해 정해져야 한다고 생각한다. 따라서 근본적으
로 학생들의 자발적인 참여가 학습 과정의 필수적인 요소라 할 수 있다.

학생들의 눈높이에 맞추지 못한 교육은 학생들로부터 외면당한다는 사
실도 알게 되었다.

임기응변과 위기 대응력

실습 시간에 겪은 가장 황당하고 난감했던 경험담을 조리 강의를 계획하

는 이들에게 도움이 되기를 바라는 마음에서 몇 자 기술해 보고자 한다.

오전 9시 서양 조리 실습 시간인 어느 날, 나는 예전과 같이 승용차로 등교를 하고 있었다. 그런데 그날은 교통이 몹시 혼잡하였다.

외곽으로 빠질 수도 없는 상황이라 가슴을 졸이며 간신히 수업 시간 전에 학교에 도착하였는데 그날따라 식자재도 늦게 도착하였다. 실습수업이 있는 날은 항상 1시간 전에 도착하여 그날 실습할 식재료를 손질하고 조별로 배분해 놓아야 차질 없이 제시간에 수업을 진행할 수 있다. 물론 담당 조교가 있지만 조교만 믿다가 생각지도 못한 실수를 할 수도 있기 때문이다.

모든 학생이 다 그렇지는 않지만, 일부 학생들이 책임감이 부족하여 늦게 오거나 무단결석을 할 때가 간혹 있다. 발주한 재료를 검수하다 깜짝 놀랐다. 소 등심을 이용한 스테이크 요리인데 주재료로 사용해야 할 소 등심이 꽁꽁 얼어붙어 칼이 들어가질 않았다. 수업은 바로 시작해야 하는데 당황하여 이리 뛰고 저리 뛰며 허둥대다 어쩔 수 없이 부재료를 이용하여 임기응변으로 창작요리를 만들기로 했다. 요리 실습 시간에 종종 일어나는 일이다.

고민 끝에 방울토마토와 감자, 야채를 이용하여 엉겁결에 메인요리를 만들고 소스는 시금치로 엽록소와 올리브오일, 식초, 자몽을 이용하여 초 기름 그린소스를 만들었다.

맛과 향, 영양의 배합도 중요하지만 요리는 시각적인 미를 살려 식욕을 돋우는 일도 대단히 중요하다. 학생들은 플레이팅에 가장 관심이 높다. 플레이팅 실력만 있다면 사소한 실수는 커버가 된다.

다행히 있는 식재료를 이용하여 임기응변으로 난감했던 순간을 간신히 모면하였지만, 실습 시간에 발주한 식자재가 늦게 도착하거나 꽁꽁 얼어붙은 냉동상태인 생선이나 고깃덩어리가 들어올 때가 가장 황당하고 난감하다.

실수 없이 요리 실습을 하기 위해서는 시간의 여유와 완벽한 재료 준비가 항상 중요하며, 실습을 진행하는 강사는 어떠한 메뉴와 재료로도 대체 요리를 만들 수 있는 임기응변력과 난관에 부닥쳤을 때의 위기 대응력이 있는 마스터셰프가 반드시 되어야 한다. 궁지에 몰리면 살길을 찾게 되더라.

서정대학교 부교수로 영전하여

어떻게 세월이 흘렀는지도 모르게 장안대학교에서 2학기 수업이 끝날 무렵, 나는 더 큰 욕망이 가슴 한구석에서 용솟음치기 시작하였다. 장안대학교는 강의전담 전임교수라 정년이 보장되지 않았다.

정년이 보장되는 학교로 가기 위해 교수 채용 전용 사이트인 하이브레인넷에서 교수 초빙 공고를 찾기 시작했다. 그러나 또 다른 학교에 지원 서류를 낸다는 것은 쉬운 일이 아니었다. 물론 모든 교수들이 동일한 과정을 경험하였겠지만 서류 준비에서부터 공개 강의, 최종 면접을 통과하기에는 너무나 힘든 과정의 연속이며 통계적으로 경쟁률은 20:1 정도라고 하니 그 관문은 말 그대로 하늘에 별 따기라 하여도 과언이 아니다.

'나는 좀 더 오랫동안 교직생활을 해야 해. 사랑하는 가족과 한평생 준비한 노하우(know-how)를 사회에 환원하기 위해선 내가 좀 더 고생을 해야 해. 나는 할 수 있어.'라는 자신감으로 서정대학교 전임교원 초빙 공채에 지원서를 제출하게 되었고 긴장된 마음으로 초조하게 결과를 기다렸다. 며칠 후 교무처에서 1차 서류심사에 합격하였다는 통보와 함께 2차 공개 강의 일정과 15분가량의 강의 주제(21세기 조리인의 발전 방향)를 준비하라는 통보받고 긴장, 초조, 불안 속에서 며칠 밤을 지새우며 준비하였다. 재단 이사장과 총장 그 외 여러 교수님 앞에서 공개강의를 하려고 하니 긴장되고 떨리는 마음은 어쩔 수 없었다.

강의실에 들어서니 8명의 심사위원들이 나란히 앉아 귀를 기울이며 강의 태도와 표현력, 언어구사력, 전문지식 등 교육자로서의 자질 등을 평가하는 심사였다. 결과 2차 공개강의를 무사히 통과하고 3차 최종 면접만 남아 있었다.

시간이 지날수록 긴장감이 더해 갔다. 드디어 최종 면접일이 다가왔다. 예상되는 질문에 대처하기 위해 밤새도록 많은 생각을 하다 뜬눈으로 밤을 지새우고 마음의 정리를 하여 면접 장소에 도착하였다. 3배수에서 1명을 선택하는 중요한 관문이기에 더욱더 긴장되고 떨리기 시작했다.

차례가 되어 총장실에 들어서 심호흡을 하여 긴장을 푸는 순간, 여기저기서 질문 공세가 쏟아져 나왔다. 학생 유치에서부터 학생 관리, 학교의 발전 방향, 지원 동기 등의 질문에 임기응변으로 답변을 하고 무사히 최종 면접을 잘 마쳤다.

며칠 후 최종 합격 통보가 유선으로 전해져 왔다. 준비된 사람에게는 언젠가 기회가 온다고 하지 않았던가! 이렇게 어려운 난관을 거쳐 꿈에도 그리던 교수의 꿈을 주방 접시닦이로 시작하여 끝내 이루는 데 성공하였다. 한 번에 오를 수 있는 산은 없다.

치킨 발골 시연

뉴욕 세계 한식 요리대회 예선전

2009년 8월 25일, 포털사이트에서 검색을 하던 중 우연찮게 미국 뉴욕에서 제2회 세계 한식 요리대회가 있다는 사실을 알게 되었다. 한국일보에서 주관하는 대회로 금년이 2회이며 4개 권역에서 개최, 300여 개 팀이 참가하여 지역예선전을 치른다고 한다. 그렇게 세계권역대회 진출권을 획득한 30개 팀 57명이 미국 뉴욕 미국조리중앙학교(CIA: Culinary Institute of America)에서 본선 경연을 치른다. 한국일보사와 코리아타임스지, 미주한국일보사가 공동주최하는 권위 있는 대회다.

나는 이 대회에 참가하기 위해 식품영양과 보조학생 한 명을 선발하여 본격적으로 예선전 경연을 준비하기 시작하였다. 종목은 한정식 7코스 요리를 셰프(chef) 부문에 접수하고, 수업이 끝난 시간을 이용하여 매일 학교에서 늦은 밤까지 메뉴 구성부터 전시 요리까지 수차례 시행착오를 거치며 준비하여 9월 7일 경연장소인 마포 한국산업인력공단으로 재료와 조리기구를 싣고 4대 권역대회 서울 지역 예선전을 치르러 출발하였다.

현장에 도착하고 깜짝 놀랐다. 간단하게 생각했던 대회는 예상을 초월하였다. 서울 소재 초특급호텔과 유명 조리학교들이 총출동한 거대한 대회로, 경연 전부터 긴장감이 감돌았다.

나는 입상을 떠나 주어진 여건에서 최선을 다하기로 결심하고 차분히 식재료와 기구를 조리대에 진열하고 결전의 시간을 기다렸다. 오후 1시 드디어 시작종이 울리면서 경연이 시작되었다.

심사위원들이 지켜보는 가운데 보조학생 1명과 열심히 7코스 궁중요리를 만들어 진열대에 세팅하고 최종발표를 초조하게 기다렸다. 우리 팀은 출전 62개 팀 중 2위에 입상하며 은상을 수상하고 미주 본선 대회 진출권을 획득하는 데 성공하였다. 경험을 쌓기 위해 출전한 대회였지만, 기대 이상의 큰 성과를 거두어 너무나 감격스러웠다. 특히 서울에서도 이름 있는 조선호텔, 힐튼호텔, 르네상스호텔을 제치고 우수한 성적으로 입상하여 심사위원들을 깜짝 놀라게 하였다.

기쁨도 잠깐, 나는 곧바로 뉴욕 본선 대회 준비에 몰입하게 되었다. 메뉴 구성부터 예선전에서의 문제점을 하나하나 보완하며 열심히 하였다. 밤마다 경연하는 꿈을 꾸며 밤잠을 설쳐 가며 긴장과 초조함 속에서 준비하였다. 드디어 결전의 날이 다가왔다.

10월 1일, 남들은 추석 명절을 맞아 가족과 함께 고향 가는 기분에 들떠 있을 때였다. 나는 미국 뉴욕으로 떠나는 오후 7시 비행기를 타기 위해 3시에 인천국제공항에 도착하였다. 국내대회가 아닌 만큼 조리기구와 준비물도 만만치 않았다. 여행사 담당 가이드의 안내를 받으며 각 권역별 본선 진출 30개 팀 57명의 출전자들과 서로 인사를 나누고 초조하게 비행출발시간을 기다리다 오전 7시 30분 서울발 뉴욕행 비행기에 탑승하였다.

12시간 30분의 긴 비행 끝에 뉴욕케네디공항에 도착하니 저녁 8시 30분으로 13시간 정도 시차가 발생해 다시 캄캄한 밤이었다. 공항에서 약 40분간 버스로 이동하여 숙소인 크라운호텔에 도착하였다. 프런트에서 숙소를 배정받아 짐을 옮긴 후 간단히 샤워를 하고 누웠지만 시차로 쉽사리 잠을 이룰 수 없었다.

가볍게 수면을 취하고 10월 3일 아침식사 후 교포가 운영하는 마트에 들러 공항 입국장에서 압수당한 필요한 식자재를 모두 구입하여 호텔로 들어왔으나 준비할 공간이 없었다. 주방 직원이 퇴근한 밤 10시부터 주방을 사

뉴욕 CIA조리학교

용할 수 있었다. 내일 경연에 쓸 재료를 꼼꼼히 준비하면서 뜬눈으로 밤을 지새웠다.

뉴욕 본선 대회에서 대령숙수상 수상

2009년 10월 4일, 드디어 경연 날이 밝았다. 경연 장소인 CIA조리학교에 도착하니 간단한 샌드위치가 아침식사로 준비되어 있었지만 너무 긴장되어 밤잠도 못 자고 피로에 지쳐 잘 넘어가지 않았다. 경연에 임해 보지 않은 사람은 그 심정을 이해할 수 없을 것이다. 3시간 동안 현장 경연인데 6시부터 첫 번째 팀 경연을 시작으로 우리 팀은 10시 20분에 경연 시간이 배정되어 있었다. 경험이 부족한 여러 학생들은 이리 뛰고 저리 뛰고 당황하였지만 나는 30여 년간 현장에서 쌓아 온 노하우를 바탕으로 6코스 요리를 쉽게 완성 심사위원들에게 제공하고 요리의 특징에 대하여 설명하고 질문에 답변하였다.

이렇게 30개 팀이 3회전으로 나누어 5시경 경연은 모두 끝났다. 심사 결과를 집계하는 동안 본관 1층에서는 저녁식사와 환영 만찬회가 진행되었다. 우리는 서로의 노고를 치하하며 그동안 쌓였던 모든 긴장을 한잔 술로 회포를 풀고 최종 결과를 기다렸다. 최종 평가 결과, 36개 팀 중 전시 부문에서 우리는 금상과 대령숙수상. 라이브 경연에서 동상을 수상하며 종합 3위와 함께 상금과 트로피를 수상하는 성과를 올렸다.

7 corse 요리전시 부분

CIA조리학교 견학 소감

경연을 마치고 다음 날 10시쯤, CIA조리학교를 방문하였다. 한국 유학생의 안내를 받으며 세계 각국에서 모여든 21세기 최고의 조리사를 꿈꾸는 학생들의 공부하는 모습과 조리 실습실을 복도에서 지켜보면서 교수들의 강의 열정에 감동하였다.

철저한 현장 중심의 실습 교육실로 각 실습실마다 특급호텔 주방시설을 방불케 하는 실습 기자재를 갖추고 있었다. 특히 부처 실습실에서는 소를 매주 한 마리씩 통째로 구매하여 분해하면서 용도와 부위별 명칭을 익히는 현장감 넘치는 교육을 한다고 한다. 또한 아시안 요리 실습실 등 다양한 조리 실습실을 갖추고 졸업과 동시에 학생들이 창업과 호텔 주방 업무를 곧바로 수행할 수 있도록 실무 중심의 실습 교육을 실시하는 것을 보면서 차별화된 조리 교육에 감동하였다.

특히 이 학교는 교내에 다섯 곳의 레스토랑이 있는데 각 레스토랑에서는 일반인을 상대로 학생들이 직접 운영을 한다. 졸업 6개월 전 현장 실습 장소에서 실습을 필수적으로 하여야 학점을 취득하고 졸업할 수 있다고 하니 우리나라도 이러한 시스템을 벤치마킹하여 현장 중심의 실습 교육으로 개선되어야겠다는 생각을 하면서 요리대회보다 더 많은 것을 보고 느끼고 배우는 좋은 계기가 되었다.

CIA 교수 안내를 받고

뉴욕 한인의 날 카퍼레이드

미주 한인의 날을 기념하기 위한 행사가 미국 뉴욕 맨해튼에서 '코리안

퍼레이드 및 페스티벌'이 성황리에 열렸다. 행사에는 많은 뉴욕시민이 동참해 주었는데, 우리 일행은 이 행사에 참여하기 위해 아침 일찍 기상 후 호텔에서 뷔페로 조식을 간단히 하고 행사장소인 뉴욕 맨해튼으로 이동하였다.

호돌이 마스코트와 거북선을 앞세운 광개토 사물놀이 예술단과 홍보대사로 선발된 한국일보 미스 진·선과 함께 행사 장소에 도착하였다. 나는 꽃마차 1호차에 조리복과 위생모를 착용한 상태로 탑승하여 행렬대에 올라 우리 교포들과 수많은 군중이 운집한 시가행진을 하면서 환호와 외신 기자들의 카메라 세례를 받았다. 맨해튼 중심부 광장을 지날 때는 주인공이 된 듯한 착각이 들기도 했다. 난생처음 겪어 보는 일이라 가슴이 벅차고 말로 표현할 수 없는 찡한 전율을 느끼며 감격에 눈물이 핑 돌기도 하였다. 평생 잊지 못할 감격스러운 순간이었다. 내가 아무리 돈 많은 억만장자라 할지라도 국내도 아닌 세계적으로 유명한 맨해튼 한복판에서 이러한 환호를 받아 볼 줄이야 꿈에도 몰랐던 일이기 때문이다.

조리사가 아니었더라면 과연 가능하였을까. 조리사의 직업에 감사하며 다시 한번 긍지와 자부심을 느낀다.

한국일보 홍보대사와 함께

터키 이스탄불 국제요리경연대회

터키 이스탄불 국제요리대회는 2년마다 한 번씩 개최되는 세계조리사회 연맹(WACS)의 공식 인준 요리대회로 세계 20개국 1,200여 명의 셰프들이 참가해 4일간의 전시, 라이브, 제과 부문으로 나뉘어서 국가 차원의 축제 분위기로 열띤 경연을 펼치는 지구촌의 음식 문화 축제이다.

이 대회에 참가하기 위해 2010년 하반기 서정대학교 산학협력단의 지원을 받아 식품영양학과 학생 1명과 호텔조리학과 학생 1명을 선수로 선발하여 3개월간의 실전훈련을 하였다. 대회 준비는 주로 학교 수업이 끝난 오후 5시 이후부터 시작되어 밤 9시까지 조리 실습실에서 개인전을 중심으로 실전 연습에 돌입하였다.

준비를 마치고 경연 3일 전 터키 이스탄불로 떠나기 위해 기물과 식자재를 준비하여 짐을 꾸려 인천국제공항에 도착하였다. 공항에는 많은 인파들로 붐비고 있었는데 요리대회에 출전하는 우리 일행은 수하물이 그야말로 장난이 아니었다. 전시에 필요한 소품부터 모든 조리기구와 식재료 개인 가방까지 수하물 허용량도 생각지 않고 이것저것 다 꾸리다 보니 허용량을 크게 초과하여 30만 원 가까이 추가요금이 발생하였다. 어쩔 수 없이 나는 학생들과 짐을 다시 풀어 꼭 필요한 기구만 골라서 규정에 맞도록 짐을 꾸려 어렵게 출국장을 통과하게 되었다.

추가요금 없는 수하물 통관을 위해서는 수하물의 개수, 무게, 사이즈 및 기내 반입금지 물품들을 사전에 체크해 두는 게 중요하다는 것을 경험이 부족한 학생들에게 꼭 당부하고 싶다.

인천국제공항에서 탑승하여 터키 아타튀르크국제공항까지 11시간 30분간의 긴 비행을 마치고 호텔로 이동하여 잠시 휴식을 취한 후 곧바로 대형 마켓으로 갔다. 육류와 생선 구입에는 문제가 없는데 야채와 여타 양념류는 우리나라와 차이가 컸다. 어렵게 다음 날 경연할 식재료를 모두 구매하였다.

주방 직원이 모두 퇴근한 10시부터 아침 5까지만 사용하도록 계약되어 있었다. 호텔 주방 직원들이 모두 퇴근한 밤 10시 이후에 이용할 수밖에 없었으며 취침은 보통 2~3시간 교대로 잠깐씩 눈을 붙일 수밖에 없는 상황이었다. 심야에 열심히 대회 준비를 하여 3일간 어렵게 경연하였으나 메달 소식은 들리지 않았다. 잠도 제대로 못 자고 낮에는 경연하느라 지치고 밤에는 다시 이튿날 출전할 요리를 준비하느라 지치는 과정이 반복되었다. 몸은 지칠 대로 지쳐 얼굴은 창백하고 초췌하기 그지없었다. 과로사가 이렇게 해서 일어나는가 보다 하는 생각도 하게 되었다.

결과는 30년 조리 외길을 걸으면서 최대 위기를 맞았다. 메달 소식은 들려오지 않았다. 노 메달로 귀국하면 어떻게 하나 걱정을 하며 실의에 빠져 있는데 한 학생이 뛰어와 "교수님 전시 부문에서 은메달 하나와 동메달 하나 나왔어요!" 하는 것이 아닌가. 잠시 후 다시 "교수님, 어제 교수님이 경연한 생선 요리 부문에서 은메달입니다." 하면서 좋아하는 학생의 모습을 보는 순간 안도의 한숨을 내쉬게 되었다. 가벼운 마음으로 마지막 날 학생부 파스타 요리 라이브 경연에서 조리과 학생이 동메달 하나를 더 추가하면서 은메달 2개와 동메달 2개의 성과를 올리며 대회를 마쳤다.

시상식 날 학생들이 "교수님 저 은메달 받았어요!" "동메달 받았어요!" 하면서 좋아하는 모습을 보니 지도자로서 보람과 행복이 컸다. 언제나 그러하듯이 국제대회는 국내대회와 달리 여러 가지 어려움과 많은 실수가 따르게 된다. 그러나 경연을 마치는 그 순간의 기분은 경연을 해 보지 않은 사람은 모를 것이다. 말로 표현할 수 없을 정도로 마음이 편안하고 긴장이 풀리며 시상식이 기다려진다.

이러한 기분이 있기에 다음 대회가 또 기다려지고 나도 할 수 있다는 자신감과 도전정신이 생기게 되는 것이 아닐까!

경연 전 각국 선수들과 함께

경연장에서의 돌발사태

경연 시작 1시간 전 호텔조리과 학생이 경영을 위해 경연장에 들어가려는 순간 경연 종목을 보고 깜짝 놀랐다.

우리가 준비해 온 카테고리가 아니었다. 메인 단품 요리를 준비했는데 애피타이저를 포함한 코스 요리로 바뀐 것이 아닌가. 조리사중앙회에서 바뀐 종목을 사전에 학교로 연락해 주었어야 했는데 커뮤니케이션 부재로 실수를 하여 경연이 어렵게 되었다. 학생이 울며불며 한바탕 소동이 벌어졌다.

조리사중앙회 인솔 담당 여직원이 집행부를 찾아가 자초지종을 설명하였더니 경연 본부에서도 우리의 난처한 처지를 이해하고 준비된 재료로 대충하면 참고해 주겠다고 하였다. 동행한 일행 팀에 도움을 요청하여 전 타임에서 사용하고 남은 연어 한 조각과 가니쉬를 도움받아 애피타이저를 만들어 간신히 경연을 마쳤다.

그러나 결과는 냉정하였다. 숙달된 전문조리사라면 임기응변으로 요리를 만들었을 텐데 경험이 없고 전문 기술이 부족한 학생들에게 좋은 요리를 기대하기란 불가능하였지만 시간 내 제출한 것만으로 대견스러웠다.

혹시나 하고 메달을 기대해 보았지만 안타깝게도 탈락이었다.

학생으로서는 많은 시간과 비용을 들여서 외국까지 왔는데 담당자들의 실수로 요리경연을 제대로 해 보지 못하고 귀국한다는 것이 가슴 아팠을 것이다. 동행한 중앙회 담당 여직원도 책임을 통감하고 본부에 알아본 결과 다음 날 파스타 요리 부문에 다행히 1명이 불참하여 출전할 수 있다는 것이 아닌가. 기회를 놓칠세라 곧바로 파스타 경연에 신청하고 숙소로 들어오면서 식자재마트에 들러 필요한 재료를 구매하였다. 급히 숙소에서 메뉴를 작성하고 연습을 시작하였다. 파스타 요리는 식자재와 조리 방법이 비교적 단순하므로 어려운 문제는 없었다. 경연 당일 16명이 각 부스에서 50분에 2인분을 만드는 경연으로 시작되었다. 나는 불안한 마음에 우리 학생이 경연하는 부스 뒤편에서 커튼을 젖히고 심사위원들이 보지 않는 틈을 타서 코치하였다. 마지막 완성요리를 커튼 뒤로 한 젓가락 받아 시식해 보니 간도 맞고 농도가 적당하여 곧바로 '플레이팅'하라고 지시하였다. 잠시 후 결과가 발표되었는데 학생이 달려와 "교수님! 저 동메달이에요!" 하며 좋아서 어쩔 줄 몰라 했다. 한 편의 드라마 같았다.

국제요리대회는 이런 일들이 비일비재하다. 뉴욕 세계 한식 요리대회에서는 공항에서 입국하다 준비한 요리와 재료를 입국심사장에서 모두 압수당해 이튿날 경연에 지장이 많았다. 방콕 대회에서는 주재료를 냉장고에 두고 챙겨 오지 못해 경연을 포기한 적도 있었다. 또한 파타야시티 세계해산물 요리대회에서는 싱크대 수도관이 터지고 가스 노즐에 불이 붙을 뻔해 한바탕 소동이 벌어져 제대로 경연하지 못한 일도 있었다. 혼자서 여러 명의 학생을 지도하여 전시 부문과 라이브 부문에 많은 카테고리를 신청하다 보니 어려움이 이만저만이 아니었다. 그래도 학생들이 관련 대회에 참가하는 건 자신을 알리고 그 실력을 향상하는 밑거름이 되기 때문이다. 물론 요리대회 비용이 만만치 않지만, 끊임없이 도전하면 수상의 영광은 더욱 가까워질 것이라 믿는다. 기존 조리사나 학생들의 한결같은 바람은 국제대회에서 수상하여 자신의 실력을 공식적으로 인정받는 게 아닐까 싶다. 그러나 차후에 경력 사항에 한 줄 더 채울 수는 있겠지만, 크게 달라지는 것은 없다. 그런데도 포기하지 않고 많은 조리사나 학생이 도전의 기회로 삼는 것은 후에 더 큰 발전의 밑거름이 되리라는 믿음 때문이 아닐까?

요리대회 꿀팁

- 국제대회는 특히 경연규칙과 규정을 잘 준수하여야 한다.
- 심사위원들은 자기가 모르는 요리와 식재료에 관심이 많다.
- 주요리와 부요리의 비율과 소스의 양에 유의해야 한다.
- 완성된 요리는 맛과 향, 색상, 위생, 영양 배합이 잘 이루어져야 하고 특색이 있어야 한다.
- 타이밍을 잘 맞추어야 한다. 요리의 맛은 온도가 결정짓는다.
- 뿌리야채 요리는 반드시 익혀야 하며 할 때는 돌려 깎기 하여 모양을 내고 줄기야채와 잎야채는 적당히 익혀야 한다.
- 서양 요리는 소스가 중요하다. 농축된 스톡으로 맛과 색상, 특히 농도를 잘 맞추는 것이 중요하다.
- 기술과 조리기구도 중요하지만 좋은 식재료를 사용하는 것이 요리대회에 유리하다. 맛으로 승부를 걸어야 하기 때문이다.

세계조리사총연맹(WACS) 세미나 주요 요지

- 뷔페 요리는 플레이트 하나에 3가지 요리를 담는 것이 바람직하다. (가니쉬, 소스, 샐러드 포함)
- 핑거푸드: 20~25g 가니쉬 높이에 주의. 한입에 들어갈 수 있도록한다.
- 생선: 손질 가능하나 필렛과 재단이 불가능하다.
- 야채: 손질 가능하나 커팅은 안 된다.
- 도마: 나무도마 안 된다.
- 귀금속: 착용 불가능하나, 단 귀걸이 화려한 것 외 가능하다.
- 소스: 장식용으로 사용했을 때는 라인에 주의. 소스보트 사용이 가능하다.
- 시간초과 5분까지 -5점 감점된다.
- 세트메뉴 중 예를 들어 3코스, 5코스 경연 시 탄수화물이 다른 코스에 제공되었다면 메인코스에 제공하지 않아도 된다.
- 후레쉬 허브는 접시에 줄기째 놓으면 안 된다.
- 주재료와 부재료의 균형을 잘 맞출 것.
- 코스 요리 시 조리 방법, 색깔, 향신료의 중복 배제한다.

- 레시피와 만드는 요리가 일치해야 한다.
- 접시 바깥쪽에 소스나 음식 배열 안 된다.
- 모든 가니쉬는 먹을 수 있는 것으로 해야 한다. 그러나 갑각류(lobster, crab, clam, oyster, abalone)는 가능하다.
- 접시 가장자리에 지문이 묻어서는 안 된다.
- 접시의 온도에 주의. 뜨거운 요리는 뜨겁게, 차가운 요리는 차갑게 한다.

말레이시아 페낭 국제요리대회

2년마다 개최되는 페낭 국제요리대회는 세계조리사총연맹(WACS)이 인증한 국제요리대회이다. 세계 각국에서 출전한 선수들이 40개 분야로 나뉘어서 3일 동안 오전 7시부터 오후 6시까지 시간대별로 라이브 경연을 펼치고 전시하는 등 왁스(WACS) 심사규정에 따라 진행되는 매우 엄격한 요리대회로 알려져 있으며, 대회는 크게 전시와 라이브로 나눠지는 요리사들의 대축제이다. 특히 라이브 개인전은 주니어와 시니어 팀으로 구분되어 경연이 진행된다. 서정대학교에서는 조리 실무에 관한 지식과 경험이 풍부한 글로벌 인재를 양성하고자 3명의 학생을 선발하여 전시 요리 부문과 라이브 요리 부문에 출전하게 되었다. 대회 팀장 보직을 받은 나는 타 대회 경험을 바탕으로 학생들이 좋은 성과를 낼 수 있도록 틈틈이 학생들과 실전연습을 반복하여 지도에 매진하였다.

국제대회는 국내대회와 달라 어려운 점이 한두 가지가 아니다. 현지에 도착하여도 미리 준비를 할 수 있는 공간이 없고 사전에 예약한 대로 호텔 주방 직원이 모두 퇴근한 밤 10시 이후에야 주방을 사용할 수 있다. 전시 요리인 경우 심야에 다음 날 출품할 요리를 모두 만들어서 플레이팅까지 마쳐야 하기 때문에 밤을 꼬박 지새우며 작업을 해야 하는 어려움이 따른다. 대부분의 학생들이 조리기술도 부족하고 경험이 없는 학생들이다 보니 뒤치다꺼리는 모두 교수의 몫이다.

조리기구에서부터 식재료, 전시 요리, 라이브 요리에 필요한 모든 준비를 지도교수가 꼼꼼히 다 챙겨 주어야 한다. 특히 학교의 지원사업으로 출전하는 학생들은 개인비용 부담이 적기 때문에 대부분 입상에는 관심도 없다. 그러나 학교의 지원 없이 학원에 등록하여 개인으로 출전하는 학생들은 상황이 다르다. 국제대회에 한 번 출전하려면 항공료에서부터 숙박비, 재료비, 기타 경비 등 많은 비용이 들어가기 때문에 꼭 입상을 해야 한다는 절박감 속에서 최선을 다하다 보니 항상 좋은 성과를 거두는 차이점이 있다.

국제대회에 학생들을 출전시킬 때면 나 역시 일반 전문가 부문 한두 카테고리에 학생들과 같이 출전한다. 나는 한평생 실무 요리를 해 왔기 때문에 학생들처럼 연습이 필요 없다. 출전 전날 식재료만 대충 준비하여 부담 없이 경연을 할 수 있기 때문에 모든 대회에 항상 학생들과 같이 출전한다. 학생들에게 지도자가 아닌 선수로서의 새로운 모습을 보여 주면서 롤모델이 되어 주다 보면, 학생들이 나의 뒷모습을 보면서 할 수 있다는 자신감과 용기를 갖게 된다.

하루는 내가 경연하는 날, 학생들이 교수님 경연이라고 특별히 신경 써서 잘 챙긴다고 보관해 둔 주재료인 닭고기를 다른 냉장고에 별도로 보관해 두었다 빠뜨리고 다른 재료만 챙겨서 경연장에 온 것이 아닌가! 학생들 경연 준비에만 신경을 쓰다 경연 시간이 되어 경연장에 들어가 식재료와 조리기구를 정리하다 깜짝 놀랐다. 조리기구와 부재료 양념은 모두 잘 챙겨 왔는데 주재료인 닭고기를 호텔 냉장고에 그대로 두고 온 것이 아닌가! 황당하여 어쩔 줄 모르며 당황하다 결국 어쩔 수 없이 경연을 포기하고야만 적도 있다.

국내면 상황에 따라 급히 조달할 수도 있겠지만 외국에서는 불가능한 일이다. 한 가지 실수만 하여도 대책이 없는 것이 외국 대회다. 항상 마지막 짐을 꾸릴 때는 리스트를 가지고 하나하나 꼼꼼히 체크하면서 짐을 꾸려야 한다는 것을 잊어서는 안 된다.

국제 요리 경연 장면

태국 파타야시티 세계해산물 요리대회

2013년 5월 어느 날 한국조리사중앙회로부터 제2회 태국파타야시티 세계해산물 요리대회에 한국 대표팀으로 서정대학에서 출전해 보라는 전화를 받고 학과 교수들과 급히 의논하고 출전해도 좋다는 총장님의 허락을 받았다. 경연 규정은 팀장 1명에 팀원 4명으로 반드시 제과사가 1명이 포함되어야 하며, 5명분의 메인요리를 1시간에 완성하여 심사위원께 제출하고 20명분의 해산물 뷔페 요리(애피타이저, 메인, 후식)를 3시간 안에 완성하여 지정된 접시에 담아 테이블에 진열하는 박진감 넘치는 현장 경연이었다. 양념 외의 모든 재료는 주최 측에서 제공한다.

나는 비교적 실무 경험이 있는 산업체 학생들을 선수로 선발하여 오후 5시부터 밤 9시까지 하루 4시간씩 매일 강도 높은 연습을 시작하였다. 토요일과 일요일 주말에는 실습실에서 실전에 필요한 메뉴를 구상하고, 카테고리에 맞게 실전 연습에 매진하였다.

외식업에 종사하고 있는 산업체 학생들이라고는 하지만 대회 경험이 부족한 학생들을 지도하여 세계대회에 출전한다는 것은 쉬운 일이 아니다.

힘이 들어 지쳐서 짜증을 내고 기진맥진할 때마다 포기하고 싶은 마음이 굴뚝같았다. 그러나 학교와 개인의 명예를 위해서는 중도에 포기할 수 없었다.

힘들고 지칠 때면 다시 한번 구호를 외친다. 나는 할 수 있다. 나는 무엇이든지 할 수 있다. 나는 나의 능력을 믿는다는 구호를 외치고 힘을 내면서 정신력으로 이를 극복하곤 하였다.

힘들 때마다 학생들을 위로하며 예상되는 과제로 실전연습을 반복하여 자신감을 갖게 하였다. 드디어 결전의 날이 다가왔다. 경연에 필요한 기구를 모두 준비하여 우리는 짐을 꾸리고 출국을 위해 인천국제공항으로 출발하였다. 출국수속을 마치고 6시간의 비행 끝에 방콕 수완나품국제공항에 도착하였다. 입국수속을 간단히 마치고 입국장을 나와 숙소인 홀리데이인 파타야호텔로 이동하였다. 숙소에 도착 후 잠시 휴식을 취하고 곧바로 한국인이 운영하는 식품 마트에 들러서 경연에 필요한 식자재를 구매하였다. 호텔로 돌아와 긴장된 마음을 억누르면서 하룻밤을 보내고 이른 새벽 기상과 동시 짐을 꾸려 경연장으로 출발하였다.

홍콩, 싱가포르, 말레이시아, 필리핀, 베트남, 대만 등 13개국에서 13개 팀이 참가하여 경연을 벌였다. 오전, 오후로 나누어서 오전에 7팀이 경연을 하고 오후에 6팀이 다시 경연한다. 경연은 오전 8시부터 오후 5시까지 진행되었고, 오후 6시부터 시상식이 진행되었다. 우리 팀 경연은 오전 첫 시간이라 7시에 현장에 도착하였다. 경연 시작 30분 전에 중앙 전시대에 준비된 식자재를 사용할 만큼 가져와서 조리대에 진열해 놓고 시작 벨이 울리기를 기다렸다. 시작 10분 전에 심사위원장으로부터 심사 규정에 관련된 전반적인 사항과 주의사항을 듣고, 오전 8시 정각이 됨과 동시에 시작을 알리는 벨 소리가 울려 경연이 시작되었다.

요리대회는 언제 해도 긴장되고 당황하기는 마찬가지였다. 다양한 요리들을 경험이 없는 학생들에게 맡기기보다 대부분 내 손을 거쳐야만 해서 정신이 없는데 한 학생이 가스 불을 잘못 사용하면서 가스 노즐에 불이 옮겨붙었다. 당황한 학생이 물을 뿌리는 순간 노즐에 붙은 불은 더욱더 커졌다. 폭발 일보 직전이었다. 겁에 질려 당황해 있는데 심사위원들이 모두 달려와 천으로 덮어 일단 불을 진화하고 작업은 잠시 중단이 되었다.

신속히 정리 정돈을 마친 후 다시 요리를 재개하는데 이번에는 수도꼭지가 터져 바닥으로 물이 넘쳤다. 당황하다 보니 실수의 연속이었다. 그러나 중도에 포기할 수 없어 긴장된 마음을 진정하며 요리에 집중하는데 이번에는 치킨 갈란틴(chicken glantine) 요리를 만들기 위해 닭고기를 믹서에 곱게 갈아야 하는데 경험이 부족한 한 학생이 용량이 적은 믹서에 한꺼번에 너무 많은 양의 고기를 넣고 갈아 이번에는 모터가 타 버렸다. 하는 수 없이 고기를 꺼내 칼로 급하게 다져서 간신히 메인요리 5인분을 완성하여 심사석에 제출하였다.

이제부터는 2시간 동안 해산물을 이용하여 애피타이저, 메인, 디저트 20명분을 뷔페식으로 만들어야 하는데 시간이 많이 초과하고 준비가 미흡하여 더는 경연할 수 없는 상황이 벌어졌다.

이대로 포기할 수는 없어 학생들을 위로하며 힘을 내어 요리를 계속하였다. 종료 20분 전에 전채요리를 접시에 담고 있는데 한 학생이 내 옆을 급하게 지나치다 테이블에 받혀 쓰러지면서 조리대를 밀어 담아 놓은 음식들이 와장창 바닥으로 떨어졌다. 시간은 다 되어 가는데 재료는 부족하고 남은 재료를 대충 모아 임기응변으로 마무리를 하고 있었다. 그런데 종료 벨이 울리면서 가스와 전기가 모두 동시에 나가 버렸다. 불이 없어 요리를 더 만들고 싶어도 만들 수가 없었다. 나는 황급히 심사위원석으로 달려가 사정을 이야기하니 20분의 추가시간을 더 사용하라는 허락을 받고 나머지 요리를 완성하여 뷔페 진열대에 모두 세팅하며 경연을 마쳤다.

지금껏 출전했던 모든 대회가 다 비슷하지만 이렇게 황당하고 어려운 일을 당해 보기는 난생처음이었다. 그렇게 힘들었던 경연을 모두 끝내고 나니 한결 마음이 가벼웠다. 오후에는 다른 팀이 하는 경연을 멀리서 지켜보며 여유로운 시간을 보내다 6시부터 진행되는 시상식 행사에 참여하였다. 어려운 여건과 최악의 조건에서도 중도에 포기하지 않고 열심히 한 점들을 고려하였는지 생각지도 않은 공동 3위로 동메달을 수상하게 되었다. 아쉬움이 많은 대회로 기억에 남지만 국제대회를 준비하는 이들에게 참고가 되길 바라는 마음에서 국제대회의 어려움을 사실 그대로 솔직하게 기술해 보았다. 실패는 모험의 시작이다.

시상식 후 선수 일동 기념촬영

요리사는 연구 정신과 실험 정신이 있어야 성공한다

40년이란 긴 세월 동안 나는 옆도 뒤도 돌아보지 않고 새처럼 오직 앞만 바라보며 달려왔다. 위기와 시련이 닥쳤을 때도 좌절하기보다는 이를 딛고 힘차게 일어섰다. 뜻이 있는 곳에 길이 있다는 생각으로 도전에 도전을 반복하여 끝내 초지일관의 꿈도 이루어 냈다.

나를 아는 주위 사람들은 내가 사는 방법을 이해하지 못하고 '저 사람은 오로지 요리에 미친 사람이야.'라고들 수군거렸다. 밥 먹는 시간과 잠자는 시간 외엔 오직 요리 마니아로 살아왔다. 요리는 내 인생의 전부라고 해도 과언이 아니다.

나는 내가 살아온 이 고달픈 길을 항상 감사하게 생각하고 가슴속 깊이 새기며 즐거운 마음으로 보람된 나날을 즐기며 보내고 있다. 돌이켜 보면 배고픈 사람들에게 맛있는 음식을 만들어 행복을 주겠다는 생각으로 시작한 일이 평생 직업이 될 줄은 몰랐으니까. 조리사라는 직업을 선택하는 많은 이들에게 나는 먼저 시작한 선배 조리사로서 당당히 큰소리로 말하고 싶다.

최고 조리사가 되기 위해서는 연구 정신과 실험 정신이 있어야 꿈을 이

요르단 사막 투어를 마치고

룰 수가 있다고. 한순간의 노력이 아니라 긴긴 세월 속에서 배어 나오는 노하우와 노력. 그리고 열정과 땀의 열매가 맺어져야 가능하다고. 일러 주고 싶다. 살아남고 싶다면 일을 소중히 여겨라.

왁스(WACS) 국제심사위원으로 위촉되어

국제심사위원은 세계조리사 총연맹에서 엄격한 서류심사와 면접을 통해 선발한다. 국제심사위원은 개인 역량에 따라 세계요리대회에 심사할 수 있는 기회가 주어진다. 2012년 5월, 우리나라에서는 처음으로 국제요리대회가 조리사중앙회와 세계조리사총연맹 주최로 대전 컨벤션센터에서 개최되었다.

우리나라에서는 지금까지 국제심사위원이 전무하여 각종 카테고리에 각국 국제심사위원들과 함께 심사를 할 수 있는 국제심사위원이 필요했다. 조리사협회에서는 필요한 인원을 선발하기 위해 한국조리사중앙회 홈페이지에 모집공고를 공지하고 세계조리사협회와 함께 엄격한 서류심사와 면접심사를 거쳐 최종 17명의 국제심사위원을 선발하였다.

나 역시 많은 경쟁자를 물리치고 어려운 관문을 통과하여 영광의 국제심사위원으로 최종 선발되는 행운이 주어졌다. 2012년 8월 5일부터 5일간 대전 컨벤션센터 요리경연장에서 나는 외국에서 참석한 여러 국제심사원들과 함께 고매 부문 국가대표팀 경연심사를 함께하게 되었다. 난생처음 접하는 세계대회에서 심사를 맡게 되어 영광스럽기는 하지만 부족한 점이 너무 많아 걱정 되었다. 그러나 열심히 노력한 결과, 많은 것을 보고 배우는 좋은 공부가 되었다.

고메팀 경연은 타파스(핑거푸드)부터 수프, 메인, 샐러드, 후식 요리를 사전에 만들어 정해진 부스에 전시하고 심사용은 즉석에서 코스별로 만들어 심사위원께 제공하면서 평가를 받는 다.

심사를 하면서 느꼈던 점은 세계무대에서 활동하기 위해선 외국어가 필수라는 점이다. 의사소통이 자연스럽게 되지 않으면 제아무리 스펙이 좋고 기술이 좋다 하여도 세계무대에서 활동할 수 없다.

심사를 마치고

왁스(WACS) 서울 국제요리대회 금메달

2014년에 국내에서 두 번째 영셰프챌린지 국제요리대회가 서울 삼성동

코엑스 국제무역박람회장에서 개최되었다. 국제요리대회에 출전하기 위해 많은 학생들이 해외로 나가는데, 외국 요리대회에 참가하게 되면 많은 비용과 시간이 소요되기 때문에 외국 대회에 출전한다는 것은 쉬운 일이 아니다.

물론 외국 대회는 경제적인 부담은 있지만 세계 각국의 조리사들과 함께 실력을 겨뤄 봄으로써 많은 것을 배우게 된다는 좋은 점도 분명 있다. 또한 세계 요리의 흐름을 알게 되고 외국어의 필요성도 스스로 느끼면서 의식 전환이 된다는 장점과 나도 할 수 있다는 자신감도 갖게 된다.

국내에서 개최되는 국제요리대회는 많은 비용과 시간을 절감하면서 출전할 수 있는 또 다른 장점이 있기 때문에 경제적으로 어려운 학생들에게는 절호의 찬스가 아닐 수 없다. 이번 기회에 나는 우리 학생을 한식 카테고리 궁중요리 12첩 반상 전시 부문을 신청하게 하고 지도하게 되었다.

경연은 크게 라이브 경연과 전시 부문으로 나누어진다. 라이브 부문은 현장 경연으로 맛을 위주로 심사를 하지만, 전시 부문은 시각적인 미를 위주로 심사하는 비주얼 경연이다. 따라서 라이브 부문은 경연 현장에서 직접 조리하여 평가를 받지만, 전시 요리는 사전에 만들어 경연 당일에 부스에 세팅하고 심사위원들이 규정에 맞게 조리되었는지 창작성, 작품의 난이도, 젤라틴 처리상태 등을 꼼꼼히 따져 평가하기 때문에 출전하는 학생들보다 경험 있는 지도교수의 역할이 더 중요하다고 볼 수 있다. 따라서 학생들은 그러한 대회를 직접 경험하면서 많은 것을 보고 배우는 좋은 계기가 된다.

우리는 경연 3개월 전부터 고된 훈련과 반복된 연습을 강행하여 하루 전날 모든 작품을 완성했다. 세팅에 필요한 모든 소품과 요리를 박스에 담아

승용차에 가득 싣고 대회 장소인 코엑스 국제요리경연장에 도착하니 어느
새 많은 선수들이 먼저 도착하여 각자의 작품을 세팅하느라 분주하였다.
우리 학생도 완성된 작품을 해당 부스에 보기 좋게 세팅하고 심사위원들의
채점 결과를 기다렸다.

　오후 4시 반이 되어서야 현장 경연인 라이브 경연이 모두 끝나고 5시부
터는 카테고리별 시상식이 진행되었다. 시상은 세계조리사총연맹 회장이
수여하였다. 긴장된 순간 한국 요리 12첩 반상 카테고리 결과를 발표하는
데 학생으로서는 우리 학생이 첫 금
메달의 주인공이 되었다. 예상치 못
한 일이라 학생은 당황하여 어리둥
절하다 엉겁결에 시상대에 올라 세
계조리사총연맹 회장으로부터 상
장과 메달을 목에 걸고 기념 촬영까
지 하는 영광을 안게 되었다.

　지도자로서의 가장 큰 보람은 학
생들이 입상하여 눈물을 흘리면서
기뻐하는 모습을 볼 때이다.

재물은 사라져도 지혜는 사라지지 않는다.

산청 세계 약선 요리대회

행사 명칭	2013 산청 세계 약선 요리대회
행사주제	산청의 특산물(농산물, 약초 등)을 활용한 창작약선 요리경연대회, "선식치, 후약치" 약이 되는 음식의 새로운 인식

일시	2013년 9월 14일(토요일) 오전 10시~오후 18시
장소	산청 엑스포 행사장 메인 광장(메인무대 앞)
후원	보건복지부, 경상남도, 산청군

이 행사는 산청 엑스포 조직위가 주최하고 보건복지부와 경상남도 산청 군 후원으로 동의보감 중심사상인 예방의약과 예방의약에 미치는 음식문 화의 중요성을 널리 알려 인류건강 증진에 기여하고 건강 엑스포를 구원하 기 위해 마련된 행사이며 세계 13개국 50개 팀이 참가하여 열띤 경연을 펼 친 세계요리대회다.

협회에서 주관하는 요리대회는 대부분 영리 목적으로 절대평가 방식으 로 심사가 진행되어 입상도 수월하지만, 지방자치단체에서 주최하는 요리 대회는 대부분 비영리 상대평가 방식이라 입상을 한다는 것은 쉽지 않은 일이다.

그러나 입상하게 되면 그만큼 가치도 있고 긍지와 자부심도 생기며 보람 도 있는 대회가 지방대회다.

대회 출전을 위해 나는 조직위원회의 규정에 따라 애피타이저, 메인, 디 저트 3코스 요리를 준비하였다.

서양 요리를 전공한 나에게 약선 요리는 생소하여 많은 시장조사와 연구 가 필요했다.

그러나 서양 요리에 약선 식자재를 접목하여 퓨전화한다면 예상외로 훌 륭한 요리가 될 수 있다는 점에 착안하고 여러 가지 방법을 모색하다 여러 차례 시행착오를 겪으면서 산청의 명품인 지리산 흑돼지를 이용하여 주요 리를 만들었다.

국내외 요리대회가 다 그렇듯이 창작요리나 신메뉴를 개발할 때는 만들고자 하는 요리를 먼저 사례조사를 하고 식자재 구매에 이상이 없으면 메뉴와 조리법을 작성한 후 노트에 완성할 작품을 먼저 스케치해 본 다음 요리를 만들어 플레이팅하는 것이 기본이다.

밤잠을 설치며 경연 준비를 마치고 당일 새벽 5시에 기상하여 조리기구와 식재료 전시 요리 세팅에 필요한 소품 등을 모두 챙겨 승용차에 가득 싣고 보조 조리사 1명과 조를 이루어 경연 장소인 산청 엑스포 세계요리경연대회가 열리는 현장으로 출발하였다.

경연장에 도착하니 이른 아침부터 쉴 새 없이 많은 비가 내리며 그칠 줄 몰랐다. 우천 관계로 다소 늦게 현장에 도착하였는데 참가자와 관계자만 준비에 분주하였다.

임시 천막으로 만들어 놓은 경연장 내부는 요리를 할 수 있는 분위기가 아니었다. 군데군데 비가 새어 바닥은 온통 비에 젖어 있었지만, 경연은 시간에 맞춰 진행되었다.

대회 요리는 현대적 조리법을 접목한 약선 요리로 지리산 토종 벌꿀과 약도라지를 이용한 소스와 해산물로 전채요리를 만들고 주요리는

산청 약선 요리 대회 금상 작품

산청의 명품인 지리산 토종흑돼지 목살과 약초를 이용한 찜 요리에 한방약제를 이용한 소스를 곁들였다. 부요리는 연잎을 이용한 오곡밥을 곁들였으며 후식으로는 삼색 약초즙을 이용하여 곶감화전을 만들어 3명의 심사

위원으로부터 맛과 창의성 조리기술 숙련도, 위생 상태 등 요리와 관련된 전반적인 분야에서 예상외의 좋은 평을 받아 일반부 최고상인 금상과 보건복지부 장관상 그리고 금일봉을 부상으로 수상하였다. 전공이 아닌 분야에 도전하면서 내가 자란 고장 산청에서 입상한 대회라 그 어느 대회보다 의미 있고 보람 있었던 대회로 기억된다. 하는 일이 힘들어도 포기할 수 없는 건 아마 고통 뒤에 찾아오는 그 달콤한 희열 때문이 아닐까?

루마니아 동유럽 컵 국제요리대회

'2017 East European Culinary Cup' 루마니아 동유럽 컵 국제요리대회가 루마니아 브라쇼브에서 개최됐다. Euro-Toques, Romania chef 협회가 주관하는 요리대회는 국제적으로 공신력 있는 세계조리사총연맹(WACS), ACEEA, EURO-TOQUES가 인증하는 권위 있는 세계요리대회다. 미국, 터키, 인도, 러시아, 한국, 루마니아, 이스라엘, 몽골 등 13개국 1,000여 명의 선수가 참가하여 3일간의 열띤 경연이 펼쳐졌다.

어느 날 인천 월드 요리학원 원장으로부터 출전 선수 지도 제의가 들어왔다. 5월 26일~27일까지 진행되는 2017 브라쇼브 루마니아 국제요리대회에 한국 대표 선수들을 지도해 달라는 요청과 함께 심사위원으로 참석해 달라는 전화였다. 학생 지도와 국제심사의 경험을 쌓기 위한 좋은 기회라 생각하고 쾌히 승낙하였다.

주 1~2회 3개월여 동안 주말이면 서울과 인천을 오가며 선수 지도에 열

정을 쏟았다. 출전하는 선수들은 영남이공대학교와 대경대학교, 남인천고등학교, 인천 월드 요리학원 요리대회 반 학생 13명과 일반인 3명이었다.

첫날 선수들과 상견례를 갖고 개별 면담을 마친 후 곧바로 출전하는 선수들의 카테고리별 메뉴 작성에 착수하였다. 출전 종목은 파스타, 생선, 가금류, 육류 요리 부문인데 국내대회는 대중성을 높이기 위해 전시 요리가 중심이 되지만 국제요리대회는 대부분 라이브경연으로 진행한다.

출전 선수들의 개인 기량을 파악한 후 능력에 맞도록 메뉴를 구성해 실전연습에 최선을 다하였다. 트레이닝 시간은 오후 1시부터 6시까지 개인위생과 식품위생, 식자재 준비 과정, 조리순서의 정확도, 접시 담기와 꾸미기를 반복하여 지도하였다.

출국 2주 전부터는 실제상황과 똑같은 시뮬레이션을 반복하였다. 세계대회에 출전하는 우리 선수들의 가장 큰 문제점은 위생이다. 국제대회에서 한국 선수들이 심사위원들로부터 가장 많은 지적을 받는 부분이 바로 위생인데 미국이나 유럽, 일본 조리사들의 위생개념은 선진국답게 철두철미하다. 지금은 한국 선수들도 많은 국제대회에 출전하면서 개인위생과 식품위생이 많이 개선되었다.

3개월여 동안 실전연습을 무사히 끝내고 2017년 5월 24일 루마니아로 떠나는 비행기를 이용하기 위해 인천국제공항에 도착하였다.
인천국제공항에서 루마니아 부카레스트 오토페니국제공항까지는 대략 15~16시간 정도 소요되는데 인천 직항로가 없다.

그래서 독일항공을 이용해 인천-(12시간 20분 소요)-프랑크푸르트공항 (1시간 20분 대기)-(2시간 20분 소요)-오토페니국제공항에 도착, 오토페니 국제공항은 여전히 오고 가는 여행객들로 활기차고 분주해 보였다.

출입국검사대를 나오니 한인 담당 가이드가 피켓을 들고 우리 일행을 반 가이 맞아 주었다.

우리는 준비한 버스에 탑승하여 브라쇼브로 이동하였다. 날씨가 쾌청하 여 우리나라 초가을 날씨와 비슷하였다.

숙소인 선교사 내외분이 운영하는 리조트에 도착하니 아담한 한옥처럼 보였는데 내부는 정원이 꽤 넓고 바로 뒷산은 원시림이 빼 오기 우거져 있 어 공기도 맑고 쾌청하여 산책하기도 좋았으며 대문 밖을 나서면 널따란 호수공원이 환상적이었다. 아침저녁에는 산책하는 인파로 호숫가는 많이 붐볐다. 숙소 2층에서 바라보는 호수 전경은 너무 아름답고 그야말로 한 폭 의 그림 같았다.

2층 미팅룸에서 사모님으로부터 5일 동안 사용할 숙소와 조리실 사용법 에 대한 설명을 듣고 잠시 휴식을 취한 후 우리 일행은 곧바로 식자재마트 로 이동하여 내일 경연에 필요한 식품들을 모두 구매하고 돌아와 경연 준 비에 밤을 지새웠다.

여기까지는 선수를 지도하는 지도자의 역할이었지만 내일부터는 경연 현장에서 심사위원들과 함께 선수들의 경연을 평가하는 심사위원의 역할 을 해야 했다.

이른 아침 선수들은 피로도 잊은 채 밤새도록 준비한 식자재와 조리기구 를 각자 챙겨 버스에 탑승하고 아침 8시경 경연 현장에 도착하였다.

나는 3일 동안 심사를 하느라 우리 선수들을 돌볼 시간도 없이 분주한 시간을 보냈다. 낮에는 각국 선수들의 경연을 심사하고 밤에는 다시 우리 선수들을 지도하며 1석 2조의 역할을 한 결과 2개 종목에서 그랑프리를 수상하고 육류와 가금류, 생선 요리 부문에서 금메달 6, 은메달 8, 동메달 6개의 성과를 올려 한국 조리사들의 우수성을 세계에 과시하며 예상외의 좋은 성과를 올리는 기염을 토했다.

대회가 모두 끝나고 우리 선수들은 숙소로 돌아와 서로의 수상을 축하하며 밤새도록 기쁨에 들떠 축하 파티를 하고 이튿날 아침 가벼운 마음으로 관광길에 올라 드라큘라 성이라고 불리는 브란성으로 향했다. 브라쇼브에서 버스로 한 시간 거리에 있는 브란성에 도착했다. 돌로 된 언덕 위에 있는데 맑은 날 봐서는 크게 드라큘라의 이미지를 떠올리기는 어렵지만, 부슬비가 내리는 저녁 무렵에 봤다면 당장이라도 드라큘라가 나타날 것 같은 느낌을 줄 것 같다는 생각이 들었다.

바로 이런 느낌 때문에 이곳이 드라큘라 성으로 불리게 된 것이라고 가이드께서 설명해 주었다.

스파툴루이 광장과 브라쇼브에서 가장 좁은 골목길이라고 하는 스트라다 스포리 골목길을 걸어 다니다 보니 재미있는 상점도 많았다.

노천카페와 레스토랑이 많고, 분수와 벤치가 있어서 관광객들은 물론이고 동네 사람들도 모이는 이 동네 중심지라고 한다.

루마니아에서는 가격 때문에 패스트푸드점에 갈 이유는 없다고 생각한다. 카페나 레스토랑에서 만원도 안 되는 가격으로 근사한 식사를 할 수 있기 때문이다. 레스토랑에서 즐거운 식사를 하고 나니 경연에서 축적된 피로가 한순간 확 풀렸다.

　국제요리대회는 끝나고 나면 편안한 마음으로 휴식도 취할 겸 하루 이틀 유명 관광지를 돌아보는 여행의 즐거움 때문에 다시 가고 싶어지는 것이 국제요리대회의 매력이 아닌가 싶다.

루마니아 동유럽컵요리대회 시상식을 마치고

심사과정에서

　세계조리사총연맹 사무총장이 심사위원장을 하였으며 터키, 노르웨이, 루마니아, 몽골에서 참가한 국제심사위원들과 함께 심사하였다. 심사 기준은 현장 경연 심사위원 1명이 먼저 경연 부스에서 개인위생과 식품위생, 준비 과정을 채점하고 완성 요리는 나머지 5명의 심사위원이 위생 점수와 합산한 총점 결과에 따라 금, 은, 동메달을 결정한다. 심사위원들은 각자 채점한 점수를 돌아가며 발표를 하고 최고점수와 최저점수는 제외한다.

최고점수와 최저점수를 준 심사위원은 그에 대해 적절한 설명을 하여야 하는데 심사위원 전원이 인정하면 유효하지만 그렇지 못하면 배제한다.

그러한 방식으로 금, 은, 동메달을 결정하고 요리를 만든 선수들을 한 명씩 불러 심사위원장이 요리에 대한 피드백을 상세히 해 준다. 본인이 만든 요리의 잘된 점과 잘못된 점을 하나하나 지적하고 무엇을 잘하고 또 무엇을 잘못하였는지를 알게 함으로써 선수들이 다음 대회를 한 차원 높은 수준으로 준비할 수 있게 된다.

이러한 점을 우리 심사위원들도 국제대회에서의 많은 경험을 바탕으로 국내대회에 접목했으면 하는 생각인데 국내대회는 대부분 그렇지 않다. 특히 심사가 끝난 후에도 선수들에게 피드백하지 않는 것이 국제대회와의 차이점이다.

대회가 단순히 경영으로 끝날 것이 아니라 참가자들은 본인이 직접 만든 요리의 잘잘못을 평가받아 보기를 원하는데 그렇지 못한 현실이 안타깝기만

라이브 요리 심사

하다. 피드백하면 대회가 끝난 후 선수들이 인터넷을 이용해 항의하고 문제를 제기한다고 하여 심사위원들에게 가능한 지적을 못 하게 하기 때문이다.

그러나 선수로서는 메달의 색깔이 중요한 것이 아니라 내가 이 대회를 통해 무엇을 얼마나 많은 것을 보고 느끼고 배웠는가가 메달보다 더 중요하다고 생각하기 때문에 주최 측에서도 협회의 발전과 선수들의 발전을 위해 다양한 문제점들을 보완하여 개선되었으면 한다.

3일간 국제 심사위원들과 함께 심사를 진행하면서 느낀 점은 심사 중 심사위원들이 가볍게 와인까지 곁들이며 종일 화기애애한 분위기에서 자연스럽게 서로의 의견을 주고받으며 심사하는 모습이 참 인상적이었다.

요리대회의 심사기준

- 조리의 기본 중의 기본인 위생
- 청결 및 재료 준비와 조리기구 사용의 전문성
- 주재료와 부재료의 영양 배합과 맛의 조화
- 색상의 조화 및 식감의 표현
- 전체적인 조화 및 식자재 활용 아이디어
- 외식산업의 상품화 가능성

인생 제4막

chapter 5

대한민국산업현장교수의 길

대한민국산업현장교수로 선정되어

대한민국산업현장교수란, 산업현장에서 오랜 경험과 전문지식을 축적한 기술 명장을 말한다. 대한민국산업현장교수는 (초·중등교육법 시행령) 제91조 특성화고등학교 등에 대한 직업교육훈련 또는 (고용보험법 시행령) 제12조에 따른 우선 지원 대상 기업에 대한 인적자원개발 기술의 지원 등 국가의 인재육성과 기업의 경쟁력 강화를 위하여 고용노동부에서 위촉한 자이다.

정년퇴임을 앞둔 어느 날, 나는 우연한 기회에 친구가 근무하는 국내 최고의 호텔형 연회 전문센터 엘타워를 방문하게 되었다.

친구와 이야기를 하다 친구로부터 대한민국산업현장교수 제도에 대한 정보를 입수하고 나는 마음이 동요하기 시작하였다. 김 교수는 산업체 현장 경력과 교육 경험이 풍부하여 고용노동부가 매년 선정하는 대한민국산업현장교수로 선정될 가능성이 높다고 하면서 정년퇴임 후 최고의 직업이라는 말과 함께 꼭 한번 지원해 보라는 이야기를 하였다.

그날부터 나는 설레는 마음으로 산업현장교수가 되기를 결심하고 필요한 서류를 하나하나 준비하여 2015년 하반기 식품가공분야 제6기 모집에 지원하게 되었다. 그러나 대한민국산업현장교수로 선정된다는 것은 쉬운 일이 아니다. 식품가공분야(음식조리, 제과제빵, 식품제조)에서 최고의 전문지식 기술보유자 중 3명을 선발하는데 20:1의 경쟁률을 뚫어야 했다.

나는 마침내 최종 합격의 영광을 안았다. 이후 노동부 장관으로부터 위촉장을 받고 기술명장으로서 중소기업컨설팅을 비롯하여 특성화고등학교와 마이스터고등학교, 직업전문학교에서 기술 전수 교육을 시작하게 된다. 정년퇴임과 동시에 다시 직업 활동을 할 수 있는 기회가 찾아온 것은 얼마나 행복한 일일까 생각만 하여도 가슴이 설렌다. 퇴임 후에도 전 전성기보다 더 할 일이 많고 바쁜 것은 한평생 준비하면서 노력한 대가가 아닐까. 기업과 학교에서 한 번 하기도 어렵다는 정년퇴임을 정식으로 두 번이나 하고 또다시 산업현장교수로서 기업과 학교에서 기술 전수 교육을 할 수 있다는 것은 얼마나 축복받은 일일까.

산업현장교수 업무는 내가 평소에도 가장 하고 싶고 또한 잘할 수 있는 분야라 생선이 물을 만난 거와 같다. 그해 하반기부터 나는 특성화고등학교에서 장래에 셰프를 꿈꾸는 학생들에게 현장 중심의 실습기술을 전수하기 시작하였다.

수업의 취지는 취업을 목적으로 한 현장 중심의 실습 교육이었지만 학교와 학생들이 원하는 수업은 대부분 정규과목에 없는 교사들이 지도하기 어려운 기능경기대회와 국내외 요리대회 산업현장 실습교육이다. 그렇게 기

산업현장교수 위촉식

초 교육과 전문 교육을 마스터한 학생들이 스스로 메뉴를 구성하고 자기만의 레시피를 만들어 국내요리대회는 물론 국제요리대회도 출전하여 다양한 상을 수상하면서 자신과 학교의 명예와 위상을 높이는 학생들이 대견스럽기만 하다.

조금 아쉬운 게 있다면 오늘날의 학교 교육은 자기 발견과는 거리가 멀다는 점이다. 오히려 학교가 아이들로부터 자기를 빼앗는다. 끊임없는 경쟁 속에서 자신감과 자존감을 잃고 희망을 포기하는 아이들을 보는 것만큼 가슴 아픈 일은 없다. 학생들에게 학교에서 가르치지 않는 삶의 진실과 기술을 전수하기 위해 나는 다시 산업현장교수의 길을 걸으면서, 성취 후에 모든 것은 남을 위해 내놓아야 한다는 철학으로 나의 모든 것을 학생들에게 바치고자 한다.

기술로 승부 걸자

'내 꿈은 무엇일까?' 나는 왜 꿈이 없을까? 꿈을 가져야 해!

꿈이 명확해지면 행동이 달라지고 행동이 달라지면 인생이 달라진다.

꿈을 이루기 위해서는 끊임없는 동기부여가 성공의 지름길이다.

목표가 있어야 성취감을 맛볼 수 있듯이 성공의 지름길은 자기 자신을 명확히 파악하는 것이다. 자기의 잠재력은 자신밖에 알지 못하기 때문에 이를 통해 구체적이고 명확한 꿈을 가지라는 것이다.

근육을 단련하려면 매일 꾸준히 운동해야 하듯 새로운 자극을 통해 동기의 부피를 늘려 가는 노력이 필요하다. 자기를 변화시키려는 이러한 작은 실천 하나하나가 성공으로 가는 지름길이다. 일에서든 가정에서든 최선을 다하는 것에서 얻을 수 있는 성취감이 바로 그것이다. 따라서 너무 거창한 목표보다 이룰 수 있는 현실적인 목표를 세워 꾸준히 실천하는 것이 무엇보다 중요하다. 목표가 없는 사람은 희망이 없고 발전이 없다 도전은 모험이 따르기 마련이다 모험을 두려워하면 사람은 성취감을 맛볼 수 없다.

그러나 도전만 한다고 해서 모든 꿈이 다 이루어지는 것은 아니다.

저자는 제대 후 줄곧 조리 외길인생을 걸어오면서 미래 대학교수의 꿈을 이루고자 끊임없이 노력하여 결국 초지일관의 꿈을 이루었다.

요리는 내 인생에 전부라고 생각했기 때문이다. 밤이나 낮이나 시간만 나면 요리책을 뒤적이며 요리연구에 매진했고 TV 매체에서 요리 프로그램을 즐겨 보면서 세계 요리의 트렌드를 간과하고 꿈을 위해 부단히 노력한 결과다.

꿈을 이루기 위해서는 자기가 하는 일에 적당히 미쳐야 한다. 미치지 않고는 전문가가 될 수 없으며 꿈을 이룰 수가 없다. 준비된 자에게는 반드시 기회가 온다.

기능경기대회 기술 전수

숙련기술인 발굴 및 전국기능경기대회 출전 선수 선발을 위한 지방기능경기대회가 2020년에는 '코로나19'로 여러 차례 연기되면서 6월 8일~12일까지 지방별로 개최되었다. 서울 지역은 장안동 소재 한국산업인력공단 서울 지역본부 조리기능사 국가자격 실기시험장에서 열렸다.

산업현장교육과 연계한 서울디자인고등학교 조리과 3학년 학생 1명을 지도하여 아쉽게도 장려상에 그쳤다. 2017년도에는 서서울생활과학고등학교에서 산업현장교육을 받고 출전한 학생 3명이 은상과 동상 장려상을 각각 받은 성적에 비하면 조금 아쉽기는 하지만 결과는 그다지 중요하지 않다고 생각한다. 학생들이 대회를 통해서 얼마나 많은 것을 보고 느끼고 배웠느냐가 더 중요하기 때문이다.

현재 기능경기대회는 지나치게 기계적인 학습을 해야 한다. 단순 손기술만으로 우승하기는 쉽지 않다. 초보 학생들이라 기본기가 부족하고 임기응변력이 없다 보니 현장에서 과제가 약간만 바뀌어도 당황하여 제대로 실력을 발휘하지 못하는 일이 종종 발생한다.

기능경기대회를 준비하면 개인적으로는 수상의 기회도 있지만, 요리 실력이 많이 늘 수 있어 다른 대회보다 도움이 많이 된다.

기능경기대회는 주어진 시간에 요리를 만드는 게 중요하다. 그보다 더 중요한 건 사전에 재료가 공개되었을 때 그리고 메뉴가 공개되었을 때 얼마나 많은 연습이 가능하고 지도할 수 있는지가 중요하다.

요리대회를 준비하면서 남들과 다른 요리를 만든다고 해서 좋은 상을 받을 수 있는 것은 아니다. 너무 어렵고 복잡한 요리를 만들면 숙련도에서 점수가 감점되고 너무 단순한 요리를 하게 되면 돋보이지 않아서 좋은 점수를 내기 어렵다.

따라서 기능경기대회를 준비하는 선수라면 꼭 알아 두어야 할 점은 어떤 재료라도 이른 시간에 요리와 접목할 수 있는 응용력과 재료의 고유한 맛을 살리면서 음식을 만들어 내는 것이 얼마나 중요한가를 깨달아야 한다.

그리고 내 수준에 맞는 요리를 창의적인 아이디어를 바탕으로 하는 요리 트렌드가 중요하다. 요리대회는 다 똑같다고 생각하지만, 대회에도 급이 있다. 기능경기대회를 준비해 본 요리사는 참가한 것만으로도 전문조리사로 성장하는 데 큰 도움이 될 수 있을 만큼 인정을 받는 대회가 바로 기능경기대회이기 때문이다.

직종 설명

사전 공개 문제와 경기 당일 공개되는 문제지에 따라 요리한다.

요리는 총 3개의 모듈로 구성되며 모듈 1은 2개의 분야(파트 A, 파트 B)로 나뉘어 있다.

모듈 1은 분야 A 종료 후, 파트 B를 진행한다.

모듈 1의 파트 A는 경기당일 심사장, 심사위원이 협의 후 모듈 1 시작 직전 공개한다.

각 모듈별 요구사항대로 조리하고, 1인분은 관람객 전시용으로 한다.

선수 지참 공구 목록 외의 조리기구 및 도구는 일체 지참할 수 없다. (단, 국제기능올림픽의 규정에 따라 전기를 쓰는 기물 3개까지는 허용한다.)

경기 전 사전준비 일에 심사위원이 지참 공구 목록을 확인하고 입장한다.

모듈 1. 총점의 30%. 120분. Basic skill test - Soup & Pasta / 냉·온 요리
모듈 2. 총점의 40%. 120분. Main dish / 온 요리
모듈 3. 총점의 30%. 120분. Platted Dessert / 냉·온 요리

시행 전 조리기기 등의 이상 유무를 점검하고 선수가 직접 지급재료를 확인토록 하여 부족한 재료는 추가 지급한다.

연장 시간은 없으며 경기 종료 시각까지 지정된 장소에 1인분×3접시를 모두 제출한 작품에만 채점이 이루어지며, 미제출 시 해당 모듈 "경기 종료 후 채점 항목" 점수는 0점 처리된다.

2019년 지방기능경기대회 3type of Minlature Desserts

조리사가 알아야 할 필수항목들

한 번도 서양에 가 보지 않고 서양 요리를 하는 건 한 번도 한국에 온 적이 없는 미국인이 한국 요리를 하는 것과 같다.

동의보감의 허준이 세상의 모든 풀을 일일이 직접 먹어 보고 약초와 독초를 가려낸 것처럼 뭐든 다 먹어 보고 즐길 줄 아는 사람만이 전정한 요리사의 경지에 이른다.

요리를 하는 것이 진정 즐겁고 흥미롭지 않다면 다른 직업을 선택하라고 조언하고 싶다.

이탈리아와 프랑스인들은 빵과 와인을 식사의 처음부터 끝까지 늘 함께 한다. 특히 포도주는 프랑스 요리에서 빼놓을 수 없는 필수요소이다.

포도주가 없는 식사는 내용 없는 찐빵이요 반주 없는 음악과도 같다.

서양 요리의 매력은 예술이다.

주식과 부식을 한 그릇에 조화롭게 담아내는 기재가 돼라.

음식은 한 폭의 그림이요 예술이다.

조리사는 식공간 연출부터 예술적이고 환상적인 작품을 만들어 낼 줄 알아야 한다.

사회생활에서 가장 큰 문제는 인간관계다.

벽돌을 아무리 열심히 숫돌에 갈아보아야 거울이 되지 않는다. 공부도 열심히만 한다고 잘하는 것은 아니다. 방법을 먼저 알아야 한다.

문을 열어 주지 말고 문 여는 방법을 가르쳐라.

콩나물시루에 물을 부으면 물은 빠져도 콩나물은 자란다.

요리는 현장경험이 최고다.

같은 일만 반복하면 희망이 없다.

나는 시간만 나면 백화점이나 마트에 들러 식자재와 조리기구 쇼핑에 대부분 시간을 보낸다.

요리는 꽃이다. 꽃이 시들었거나 말랐다면 아무리 예쁘게 포장한다 해도 본래의 아름다움을 발할 수 없는 것과 같은 이치다.

아무리 좋은 아이디어가 있고 영감이 떠오른다고 해도 체력이 뒷받침되지 않으면 아무 소용이 없다.

요리사는 오로지 끈기와 체력싸움이다.

운전면허가 없어도 운전은 할 수 있지만 차를 몰고 거리에 나갈 수는 없는 것과 마찬가지로 조리사도 자격증이 필수적인 자격요건인 시대가 되었다.

나만의 요리를 창조하고 그 요리를 맛보는 이들에게 기쁨을 주는 요리사가 되자.

요리는 기본과정만 잘 이해하면 무한한 응용요리와 창작요리를 만들어 낼 수 있다.

한 가지 한 가지 요리를 다 외우기보다는 기본 원리를 이해하고 응용요리와 창작요리를 임기응변으로 잘할 줄 알아야 최고의 셰프로 평가받을 수 있다.

소스 하나만 봐도 수십에서 수백 종류가 넘는 소스를 요리 서적에서 쉽게 접할 수 있다. 그러나 다양한 소스들도 근본적으로는 기본 소스를 바탕으로 응용 소스로 화려하게 변신하였기 때문에 요리는 기본이 얼마나 중요한가를 알 수 있게 된다.

나는 요리사가 아닌 다른 길을 걸었다면 지금 내 인생이 어떻게 되었을까 항상 궁금하다.

내생에 포기는 없다

꿈을 이루기 위한 길은 멀고 험하다.

항상 메모하는 습관을 갖자.

꾸준히 연구하고 도전하라 그러면 반드시 꿈은 이루어진다.

학생들에게 당부하고 싶은 말

기본에 충실한 학생이 되자.

꿈과 목표가 분명한 학생이 되자.

최고가 되기보다 최선을 다하는
학생이 되자.

잘할 수 있고 즐길 수 있는 일을
하자.

경기관광고등학교 학생들과 함께

나도 할 수 있다는 자신감을 갖자.

달성 가능한 목표를 세우고 그 목표가 달성될 때까지 꾸준히 노력하고
도전하라 그러면 꿈은 반드시 이루어진다.

산업현장교육에서 찾은 보람

2016년 3월 노동부산하 한국산업인력공단에서 산업현장교수 지원사업
이 시작되었다. 대상 학교를 발굴하기 위해 나는 인터넷 검색창에서 직업
학교를 찾다 구로구 소재 서서울생활과학고등학교를 알게 되었다.

이 학교는 취업준비생들을 위한 요리대회 동아리를 만들어 전국대회에

서 많은 상을 휩쓰는 고등학교로 명성이 나 있는 조리 특성화 학교다. 나는 이 학교를 지원하기 위해 교무과에 전화를 걸어 취업 부장과 통화를 하면서 고용노동부의 무료지원사업에 관해 설명하니 교장 선생님을 만나 보라고 하셨다.

교장 선생님과 통화를 하여 면담 시간을 정하고 약속 시간에 맞추어 학교를 방문, 지원사업에 관한 자세한 말씀을 드렸더니 이렇게 좋은 제도가 있는 줄 몰랐다며 지원을 요청하셨다.

나는 조리과의 지원을 받아 학교 요구사항에 맞게 신청서를 작성하고 산업인력공단에 신청하였다. 며칠 후 적격성심사에서 통과하였다는 메시지와 함께 3자 계약(학교장, 산업인력공단이 사장, 대한민국산업현장교수)을 체결하였다. 여러 해 동안 기업과 학교에서 직장생활을 해 보았지만 산업현장교수의 장점은 누구에게 지시나 관습을 받지 않고 자기중심의 책임 교육만 성실히 하고 월별실적 보고와 최종성과 보고서만 작성하여 노동부에 제출하면 되기 때문에 프리랜서로서 최고의 직업이 아닐 수 없다.

교육 첫날 학교에서 선발된 학생들과 오리엔테이션을 하고 본격적인 맞춤형 현장 중심 실습 교육이 시작되었다. 수업은 학교 정규수업이 끝나는 오후 5시부터 밤 9시까지이며 수업을 끝마치고 귀가하면 밤 10시 이후가 된다. 그러나 이튿날 오전에는 휴식 시간이 충분하여 피로가 누적되는 일은 없다.

특히 장래 조리사를 꿈꾸는 목표가 뚜렷한 학생들이라 수업 태도가 좋고 열심히 하고자 하는 의지가 강한 학생들이라 수업 시간이 즐겁기만 하다.

정규수업에서 하지 못한 실무요리를, 특히 세계 요리의 꽃이라 불리는 프랑스 요리를 기초부터 전문 과정까지 교육하기 때문에 학생들의 흥미와 관심은 더욱더 높을 수밖에 없다. 실습 때면 조리 과정을 놓칠세라 동영상으로 촬영하면서 완성작품이 만들어질 때마다 사진을 찍어 그날 만든 요리의 레시피를 각자 작성한다. 열심히 노력하는 학생들의 모습을 지켜보노라면 가슴 뿌듯한 보람과 함께 직업에 대한 긍지와 자부심을 느끼게 된다!

지원사업이 모두 끝나고 종강 날이면 학생들이 각자 쓴 손편지를 이용하여 미니앨범을 손수 만들고, 제과 실습 시간에 자신들이 만든 케이크를 하나 손에 꼭 쥐어 준다. 작별의 인사를 하면서 그동안 저희를 위해 늦은 밤까지 고생이 많았다고 한다. 그렇게 서로 눈물을 흘리면서 헤어질 때는 너무나 아쉽기도 하고 가슴이 아프기도 하였다.

또한 몇 명 학생들이 교문 밖까지 따라 나와 "교수님 잘 가세요. 담에 또 봬요." 할 때는 나도 몰래 눈시울이 뜨거워지면서 가슴이 찡하기도 하여 학생들 몰래 돌아서서 아쉬움에 눈시울을 붉히기도 하였다.

산업현장교육은 헤어질 때 서운함과 아쉬움도 많지만 즐겁고 보람 있을 때도 많다.

특히 종강일에는 학생들이 배운 요리를 풀코스(애피타이저, 수프, 생선, 가금류, 육류, 샐러드, 디저트)로 메뉴를 작성하여 각자 업무를 분담하고 뷔페 레스토랑에서와 똑같은 음식을 만들어 즐겁게 식사하면서 학생들이 요리에 자신감을 가질 때가 가장 즐겁고 행복하다.

특히 산업현장교수는 아이들을 가르치며 보람도 느낄 수 있고, 내가 하고 싶은 일을 누구에게 구속받지 않고 즐겁게 할 수 있다는 점이 가장 큰 매력이기도 하지만 내가 그 일을 함으로써 그 사람들이 얼마나 더 행복해지느냐에 의미가 있다.

학생들이 보내온 편지

교수님. 반년이 넘는 오랜 시간 동안 함께하며 많은 것을 가르쳐 주셔서 감사합니다. 교수님의 가르침 덕에 입학할 때까지 칼도 못 잡아 봤던 제가 요리에 흥미를 가지고 노력할 수 있었습니다. 오늘이 마지막이라니 너무 아쉽고도 슬퍼서 끝에 울음을 참느라고 힘들었네요!

지난 일 년간 교수님께 배운 많은 전문지식들. 절대 잊지 않고 제 것으로 습득하며 성장해 나가겠습니다. 고등학교를 졸업하고 성인이 되었을 때 언젠가 교수님과 함께 요리할 날을 꿈꾸겠습니다. 지금까지 감사했고 이만 줄이겠습니다. 사랑합니다.

서서울생활고 진○선

교수님같이 실력 있으신 분이 우리 학교에 오셔서 많은 것을 배웠고 내년에도 우리 학교에서 더 많은 것을 알려 주셔서 나중에 사회에 나가서 저도 교수님처럼 자랑스러운 요리사가 되도록 노력하겠습니다. 감사합니다.

여주 경기관광고 김○영

지금까지 교수님 수업을 들으면서 모든 수업이 다 재미있었고 유익했던 것 같습니다. 짧은 시간이었지만 배우는 동안 정말 재미있었고 좋은 시간이었습니다. 감사합니다.

내년에도 이런 기회가 있다면 꼭 참여하겠습니다.

서울컨벤션고 조○연

교수님께서 알려 주신 여러 가지 지식과 조리에 대한 것들을 체계적으로 배워 이렇게 좋은 경험을 하게 됐습니다. 저희에게 많은 것을 배우면서 깨닫게 해 주셔서 감사합니다.

인천 생활 과학고 김○식

요리는 식자재 다루는 기법이 참으로 다양하다는 것을 이번 교육을 통해 많이 느꼈습니다.

가르침과 늘 에너지 넘치는 교훈 주셔서 우리 학생들 장래가 기대됩니다.

수고해 주신 덕분에 학생들이 너무나 좋은 상을 받게 되었습니다. 먼 길 다니시느라 고생 많으셨습니다. 감사드립니다.

제천 세명 요리 · 제과 직업전문학교 원장

교수님. 교육 기간 정말 많은 것을 배운 것 같습니다. 칼 잡는 법부터 기초에서 전문요리까지 이제 저도 요리에 자신감이 생깁니다. 은혜 꼭 잊지 않겠습니다. 고생 많으셨습니다.

한국외식과학고등학교 이○준

교수님. 산업현장교육이 뭔지도 모르고 선배를 따라 신청은 했는데 수업을 받으면서 많은 것을 보고 느꼈습니다.

조그마한 일에도 최선을 다하시는 교수님 수업을 지켜보면서 전문가의 정신이 바로 저런 거구나 하는 생각도 하게 되었고 요리가 단순히 먹는 것이 아니라 하나의 예술작품이구나 하는 것도 알게 되었습니다. 수업 시작한 지 어제 같은데 벌써 종강이라니 아쉽고 많이 서운합니다.

내년에도 꼭 우리 학교에 또 오셔서 좋은 수업 잘 부탁드릴 게요. 감사합니다. 교수님.

서울디자인고등학교 현○석

교수님. 오늘이 종강이라 생각하니 눈물이 나려고 하네요.

항상 열정적으로 최선을 다하시는 교수님의 수업을 보면서 많은 것을 보고 느끼고 배웠습니다. 식자재 전처리부터 요리기구 사용법, 요리에 대한 애정, 정성을 다하는 플레이팅 기법까지 많은 도움이 되었습니다.

저도 앞으로 열심히 노력해서 교수님처럼 훌륭한 조리사가 꼭 되도록 노력하겠습니다. 고생 많이 하셨습니다. 사랑합니다.

신정여상 김○규

안녕하세요. 교수님.

오늘 스승이 날이기도 하고, 못 뵌 지도 오래되어서 이렇게 인사드립니다.

교수님을 처음 뵌 건 작년이지만, 작년 한 해에 교수님께 정말 많은 것을 배우고 원래는 칼질도 잘못했던 제가 전국 요리대회에까지 나가서 금상에 기관장상까지 탄 걸 생각하면 정말 교수님께 배운 덕분에 많이 성장한 것 같아 항상 감사한 마음이 들어요.

그리고 교수님께 수업을 받으면서, 서양 조리에 관한 기술도 정말 많이 늘었지만, 인간적인 면에서도 정말 많이 배운 것 같아요.

아무래도 학교에서 3학년이 되고, 자격증이 있다 보니 친구들이나 후배들을 가르치고 도와줄 때도 있는데, 그럴 때마다 교수님께 배운 것이 큰 도움이 됩니다.

이번 연도도 교수님과 수업이 있다는 게 정말 기대되고, 이번에는 어떻게

성장할지 미래의 제 모습이 기대되기도 해요

이번 연도도 잘 부탁드리고, 다시 뵙기 전까지 코로나 조심하시고 건강 유의하세요! 저도 몸 관리 잘해서 교수님께 배우는 그날까지 열심히 실력을 쌓고 있을게요.

교수님께서 훌륭하신 분이라 스승의 날에 굉장히 많은 편지를 받으실 것 같은데, 저는 직접 만날 수 없어서 이렇게 카톡으로 편지를 드리는 것 같아 죄송한 마음도 드네요.

마지막으로 이번 연도도 잘 부탁드리고, 나중에 학교에서 뵙겠습니다! 감사합니다.

서일문화예술고등학교 김○단

교수님. 올 한 해도 교수님 덕분에 알차고 행복한 시간 보냈던 것 같습니다. 감사했습니다. 새해에도 건강하시고 뜻하시는 일 다 이루시는 한 해가 되시길 바랍니다.

내년에도 잘 부탁드립니다. 새해 복 많이 받으세요.

서일문화예술고 학부장 신○미

정년퇴임 후에도 내가 하고 싶은 일을 즐기면서 노후를 보낸다는 것이 얼마나 행복한 일인지. 나는 나의 일과 직업에 만족하고 감사하게 생각한다. 40여 년이란 긴 세월을 오로지 앞만 보고 달려오다 정신 차려 보니 언제 벌써 내 나이 여기까지 왔는지 되돌아갈 수 없는 인생의 뒤안길에 서 있지만, 나에게 나이는 숫자에 불과할 뿐이다.

앞에서도 몇 차례 언급하였지만, 지금까지 내가 걸어온 외길 조리 인생을 정리해 보면 사회초년생 시절은 아무런 생각 없이 오로지 회사 일에만 전념하였고, 정년퇴임 후에는 다시 교육계로 영전하여 산업현장에서 터득한 노하우로 학생들을 가르치며 교육자로서 열정을 쏟아 왔다.

그러나 여기도 정년은 어쩔 수 없었다. 다시 교육계를 은퇴하고는 산업현장교수로서의 직분으로 전성기와 같이 바쁜 시간을 보낸다는 것은 얼마나 축복받은 일인가.

조리 인으로서 성공한 사례라고 하지만 어떻게 보면 그런 말을 들어 마땅하다고나 할까. 내가 걸어온 험난한 길을 돌이켜 보면 보잘것없는 두메산골 한 시골 촌놈이 조리인들의 화두에 오르는 것은 결코 우연이 아니라 노력의 대가라고 나는 생각한다.

어느 요리사의 질문에 대한 답변

1. 요리사는 학벌이 중요한가요?

기업마다 보는 학벌의 차이가 있다. 일반 레스토랑에서 근무한다면 굳이 학벌이 좋을 필요는 없다고 생각한다.

호텔에서 일하고 싶다면 전문대학 졸업 이상은 나오는 것이 유리하다고 본다.

2. 호텔요리사를 하게 되면 처음에는 다 접시닦기부터인가요? '학벌이 좋으면 다른가요?'

호텔요리사는 고급인력이기 때문에 대부분 접시를 닦지 않는다. 하지만 선배 조리사들이 사용한 기물은 일반적으로 닦아야 한다. 냄비, 프라이팬 등, 요리사는 학벌이 좋다고 크게 대우가 좋지는 않다. 본인 하기 나름이다.

3. 각종 요리대회에 수상을 많이 하면 취업하는 데 도움이 되나요?

대회의 규모에 따라 다르다. 소규모 대회 같은 경우는 물론 이력서에 쓸 수 있어 조금은 도움이 될지는 몰라도 크게 도움이 되지는 않는다. 국제대회나 전국 기능경기대회 입상이라면 도움이 된다.

4. 요리사의 기본적인 자격증은 무엇이 있나요?

한식, 양식, 중식, 일식, 복어, 제과, 제빵이며 산업기사, 기능장이 있다.

5. 호텔요리사를 하다가 외국으로 유학 갈 수도 있나요?

더 큰 꿈을 가진 조리사라면 기회를 봐서 갈 수 있다. 그러나 유학을 갔다 온다고 모두 유명한 조리사가 되는 것은 아니다.

6. 호텔요리사를 한다고 호텔조리과를 꼭 나와야 하나요?

호텔조리과를 꼭 나오지 않아도 본인의 의지에 따라 가능하다. 그러나 조리과를 나오면 전공 분야를 더 공부하기 때문에 조금 더 유리하다.

7. 요리사는 인맥이 있어야 하나요?

꼭 있어야 하지는 않지만, 요리사에게 인맥이란 재산과도 같다. 어떤 선배를 만나느냐에 따라서 인생이 달라지기도 한다.

8. 군대에 가서 취사병을 하면 요리 공부에 도움이 되나요?

약간 도움은 되지만 큰 도움은 되지 않는다. 처음부터 잘못 배우면 습관이 되어 고생하기 때문에 섣불리 배우는 것보다는 기본을 제대로 배우는 것이 바람직하다.

9. 요리사의 수익률은 편차가 심한가요? '초기에는 적다가 잘하거나 유명해지면 높아지나요?'

그렇다. 초기에는 힘도 들고 보수도 적지만 시간이 지날수록 승진도 하게 되고 시간적인 여유도 생기며, 총주방장이 되면 대부분 억대의 연봉을 받는다.

10. 그 밖에 요리사가 되기 위한 조건이라든가 팁을 가르쳐 주세요

요리에 취미가 있어야 한다. 요리에 취미가 없으면 처음부터 시작하지 않는 것이 좋다.

요리에 대한 자기만의 분명한 꿈과 목표가 있어야 한다. 꿈이 없으면 발전이 없다.

요리사는 체력과의 싸움이다. 체력이 뒷받침되지 않으면 꿈을 이룰 수 없다.

요리사는 외국인과 같이 일할 기회도 많고 해외에 나갈 기회도 많다. 따라서 영어를 자유롭게 구사할 수 있는 능력을 키우는 것이 중요하다.

하는 일을 즐겨라

2018년도 대한민국산업현장교수 지원사업을 하기 위해 지인의 소개로 단양에 있는 한국호텔관광고등학교를 방문하게 되었다. 한국호텔관광고등학교는 1945년 단설된 고등학교로 설립된 공립 고등학교로서 충북 단양군 단성면에 있다. 외식조리과에서는 한식, 양식, 중식 수업과 식품위생 등의 이론 수업으로 취업에서 유용하게 이용할 수 있는 모든 실무능력을 키우면서 매년 기능경기대회에 출전하여 좋은 성과를 내는 특성화고등학교다.

교장 선생님을 만나 정부 국책사업의 하나인 대한민국산업현장교수 지원사업에 관하여 설명하였더니 교장 선생님께서 사업의 당위성을 인정하시며 학과 선생님과 상의해 보자고 하셨다.

나는 곧바로 담당 선생님과 의논을 하고 메일을 주고받으며 학교에서 원하는 내용으로 지원 신청서를 작성 한국산업인력공단 충북 지사에 접수하였다.

심사 결과 적격성 여부에 통과하여 학교장, 한국산업인력공단 충북지사장, 대한민국산업현장교수, 3자 협약식을 체결하고 교육 일정에 맞춰 기술전수 교육을 시작하였다.

그러나 지금까지 학교 지원은 대부분 서울과 경기도 인근이라 왕래하는데 큰 불편이 없었는데 단양은 지역상 왕복에 어려움이 많았다.

서울에서 단양까지의 거리는 약 177km로 시외버스를 타고 2시간 반 정도 소요되는 거리지만 학교가 시골이라 다시 '방곡'으로 가는 시외버스를 갈아타야 하는데 배차시간이 길어 1시간씩 기다려야 하고 버스로 20~30분간 더 가야 하는 시골 외딴곳에 있었다.

수업이 있는 날은 대부분 승용차를 이용하지만, 자가 운전이 어려울 때는 대중교통을 이용해야 한다. 대중교통을 이용하면 가는 시간은 문제가 되지 않지만, 귀가 시간이 문제다.

단양에서 동서울터미널로 가는 고속버스 막차가 6시 25분이라 8시에 학교 수업이 끝나는 날이면 고속버스 이용이 불가능해 열차를 이용해야 한다. 그러나 열차 역시 단양 발 청량리역 막차가 8시 36분이다

학교에서 단양역까지 가려면 다시 버스를 타야 하는데 하루는 시간 가는 줄 모르고 실습에 몰입하다 단양역으로 나가는 시외버스 막차를 놓치고 말았다. 북상리는 농촌 마을이라 밤이면 가로등도 없이 그야말로 암흑 같은 밤이다. 당황하여 이리 뛰고 저리 뛰다 인근에 조그마한 여인숙이 하나 있어 거기에 들러 하룻밤 숙박을 하기도 하였으며 또 하루는 단양에서 청량리 가는 무궁화호 열차를 놓쳤다. 시외버스도 다 끊어지고 간신히 지나가는 승용차를 어렵게 잡아 타고 단양으로 나와 단양관광호텔에서 하룻밤을 지새우고 이튿날 아침에 귀가한 적도 있다.

칠흑 같은 어둠 속에서 헤매면서도 하는 일이 즐겁고 행복한 것은 학생들을 가르치는 사명감과 하고 싶은 일을 하는 즐거움 때문이 아닐까?

교수가 되려면

첫째, 학위를 취득하라.
둘째, 풍부한 실무 경력을 쌓아라. (특급호텔 경력)

셋째, 명장 또는 기능장 자격증을 취득하라.

넷째, 대회 수상 실적을 많이 쌓아라. (기능경기대회, 전국요리대회. 국제요리대회)

다섯째, 연구실적물을 많이 준비하라.

틈틈이 기본 자격요건만 잘 갖춘다면 언젠가는 기회가 올 것이다. 기회는 준비된 사람에게만 주어진다. 특히 전문 기술직 교수초빙에서 가장 중요한 것은 '풍부한 실무 경력'이다.

형편이 어려워 진학이 어려운 학생들은 일-학습병행제를 권유하고 싶다.

일-학습병행제란 기업이 청년 구직자를 채용하여 이론과 실무를 함께 가르치며, 직무 역량을 습득시키는 직장 내 학습시스템을 말한다. 학습근로자로 선발되면 산업현장에서 현장 실무 교육을 받고, 학교에서는 이론교육을 병행하며 직무능력을 키운다.

또한 기업에서는 취업을 원하는 학습근로자를 채용해 일정 기간에 학교 등 교육기관과 함께 일터에서 체계적인 훈련을 하고 산업현장에서는 현장 교사가 NCS를 기반으로 시행하는 교육훈련 프로그램에 따라 일을 하여 산업체의 평가를 통해 자격 또는 학위를 부여받게 된다. 이것은 일하면서 학위를 취득한다는 장점이 있어 권유하고 싶다.

성지순례(이스라엘, 요르단, 이집트)

서정대학교는 매년 여름방학과 겨울방학을 이용하여 교수들의 사기진작과 역량 강화를 위해 일 년에 한두 차례 국제 문화탐방 체험을 떠난다.

2010년 2월 겨울방학을 이용하여 나는 여러 교수와 일생 한 번 가기 힘들다는 중동 지역(이집트, 요르단, 이스라엘)을 돌아보는 성지순례를 떠났다.

인천국제공항을 출발하여 카이로에 도착하기까지는 무려 15시간 정도 걸린 것 같다. 직항로가 없으므로 경유를 해야만 갈 수 있다.

그런데 카이로국제공항에 입국 절차를 밟고 나오는데 입국심사대에서 우리 일행을 보안경찰이 제지하여 장시간 실랑이를 하다 현지 가이드를 통해 간신히 입국장을 통과하였다. 일행은 입국장을 나와 곧바로 숙소인 그랜드피라미드호텔에 도착하여 하룻밤을 편안히 보냈다. 7시간의 시차가 있지만 지쳐서인지 쉽게 잠을 잘 수 있었다.

이튿날 호텔 조식 후 이집트 고고학 박물관을 찾았다. 박물관은 이른 아침인데도 많은 관광 인파로 북적였다. 잠시 박물관 내부를 둘러보고 가자 지역의 스핑크스와 불가사의한 피라미드 건축물을 보기 위해 그곳으로 향했다.

세계 7대 불가사의 중 하나로 1889년 에펠탑이 등장하기 전 지구상에서 가장 높은 건축 구조물이었다고 한다.

장엄한 피라미드 관광을 마치고 구카이로 지역의 모세 기념 회당과 아기 예수 피난교회를 돌아보고 고센으로 이동하였다.

다음 날 수에즈운하 항만 팔아 온 신광야를 거쳐 시나이산으로 이동하였다.

예수님이 하느님과 만나 대화를 하였다는 전설의 시나이산 해돋이와 기념미사를 위해 이른 새벽 2시에 기상하여 도보로 등정을 하는데 나는 낙타를 타고 중턱까지 올랐다. 거기서부터 정상까지는 돌 바위로 산새가 험악해 도보로 올라야만 했다. 예수님이 하느님과 만나 대화를 했다는 바위에서 해돋이 구경과 기념미사를 마치고 하산하여 호텔에서 조식 후 누에바로 이동했다. 중식 후 타바 국경을 통과하여 전용 차량으로 아카바로 이동하였다.

다음 날 와디럼에서 끝없이 펼쳐지는 사막에 난생처음 지퍼 투어를 하고 요르단 최고의 관광지이자 세계 7대 불가사의 중 하나인 페트라로 이동하여 선견지명 '셀라'의 고대도시였던 페트라 순례를 하면서 고대 원형극장 등을 둘러보고 요르단 왕국의 수도 암만으로 이동하였다.

로마 최대의 건축물이자 요르단의 대표적인 문화 유적지 제라시를 관광하고 아르테미스 신전, 제라시의 남문, 전차경기장을 구경하고 벳샨 국경으로 이동하여 이스라엘 입국 후 블레셋 사람들이 사울이 시체를 성벽에 매달았던 곳 순례 후 골란고원을 거쳐 상부 갈릴리로 이동하였다.

이슬람의 황금 돔 사원

여로보암 1세가 금송아지 우상을 만들었던 텔단, 베드로가 '주는 살아 계시는 하나님의 아들이시니이다'라고 고백한 아이샤라 빌립보를 거쳐 요단강 세례 터에서 목욕하고 예수님께서 성산수훈을 가르쳤던 팔복교회, 예수님께서 물고기 2마리와 보리떡 5개로 오천 명을 먹이신 기적을 베푸신 오병이어 기념교회, 베드로 수위권교회, 예수님 공생애 복음 사역의 중심지 가버나움, 갈릴리 호수에서 유람선을 타고 기독교 신자는 아니지만, 가이드와 함께 선상 예배를 올린 후 나사렛 지역으로 이동하여 나사렛 수태고지 교회, 요셉 교회 순례 후 가이사라로 이동하여 대전차경기장, 시나고 그 유적지, 야외극장 순례 후 예루살렘 베들레헴 지역으로 이동하여 아기 예수 탄생교회 등 순례 후 천혜의 절벽 요새로 유대인의 마지막 항전터 맛사다(케이블카 탑승) 및 쿰란, 관광 후 지구에서 가장 지표면이 낮은 곳 사해 바다로 이동 수영 및 머드체험을 하였는데 세계에서 가장 큰 천연스파에 둥둥 떠 보는 특별한 경험도 해 보았다. 짭짤하고 광물질이 풍부한 물과 머드는 부드러운 '클레오파트라 스킨'을 만들어 준다고 하여 많은 관광객이 찾는 곳이라고 한다. 사해 바다 머드체험 후 이스라엘 베데스다 연못, 십자가의 길, 최후의 만찬. 예수님 승천 기념교회, 주기도문 기념교회, 예수님이 십자가를 지고 올라갔다는 골고다 언덕, 통곡의 벽 등을 둘러보고 로마제국의 식민지 이스라엘 작은 마을 베들레헴 마리아가 아기 예수를 낳았다는 마구간에서 나는 기념촬영을 하고 욥바항구 순례 후 저녁 식사를 한 후 공항으로 이동하여 인천국제공항에 도착하였다.

중동 지역 여행은 안전 문제로 쉽게 여행할 수 없는 나라로 우리를 불안에 떨게 만든다. 공항 입국 절차도 가장 까다로운 편이다. 그러나 테러 등의 위협 요소가 큰 만큼 역설적 오히려 더 안전한 나라라고도 할 수 있다.

이 나라를 여행해 보신 분들이라면 대부분 공감을 하리라 생각한다. 이스라엘 여행을 계획하고 가실 분이라면 가서 군인들 때문에 너무 당황하지 않아도 된다. 이스라엘은 남녀 모두 군대가 의무이고 남자는 3년 여자는 1년 9개월 현재 의무 복무를 한다고 한다. 다들 평소에 총기나 실탄을 소지하고 다니지만 탄창을 장전해서 다니지는 않는다. 그리고 대부분 건물에 입장할 때 검문검색을 하는데 공항처럼 까다롭지 않고 지시에 따르기만 하면 별문제는 없다.

특히 기독교 신자분들은 생전에 꼭 한 번쯤은 다녀와야 옳은 신앙생활을 할 수 있지 않을까 하는 개인적인 생각을 하면서 성지순례 여행에서, 돈으로도 살 수 없는 많은 것을 보고 느끼고 경험하면서 나도 언젠가 기회가 되면 교회에 꼭 다녀 봐야겠다는 생각을 해 보았다.

이집트 피라미드에서

황당했던 교통사고

하루는 한국산업인력공단 강릉 지사로부터 조리기능사 실기시험 심사를 부탁하는 전화 한 통을 받았다.

마침 수업이 없는 주말이라 나는 흔쾌히 승낙하였다.

서울에서 강릉까지는 승용차로 약 2시간 반 정도 소요되는 거리기에 이른 아침 여유롭게 시험 장소인 강릉영동대학교를 향해 출발하였다.

맑은 아침 공기를 쐬며 달리는 고속도로는 상쾌하고 그동안 쌓였던 스트레스가 확 풀리는 기분이었다.

예정 시간보다 일찍 시험 장소에 도착하였다. 교정을 한 바퀴 산책한 후 실기시험장에 들어섰다. 지방이라 서울보다 인원은 그다지 많지 않아 시험은 오후 4시경에 종료되었다.

강원랜드 근무 시절 시험감독이 있을 때면 단골로 이용하던 경포 현대호텔에 숙소를 정했다. 침실에서 파도 소리를 들으며 바다를 바라볼 수 있는 전망 좋은 숙소였다. 객실은 생각보다 작고 아담했지만 포근한 분위기였고 냉난방시설도 좋고 온수도 잘 나와서 불편함이 없었다. 침구도 생각보다 훨씬 쾌적하고 포근해서 오랜만에 단잠을 잤다.

복잡한 일상생활을 떠나 바닷가에서 하룻밤을 편안히 보내는 시간은 외국 여행에서 즐기는 기분이었다.

다음 날 아침 나는 평소보다 일찍 기상하여 맑은 공기를 쐬기 위해 바닷가를 한 바퀴 산책한 후 경포대 호수 둘레길로 이동하였다.

이른 아침이라 둘레길은 인기척 하나 없이 한산하였고 건강달리기하는 몇몇 사람만이 눈에 띄고 지저귀는 새소리만 요란하였다.

아침 맑은 공기를 마음껏 호흡하며 넓은 호숫가를 한 바퀴 돌고 여유롭게 시험 장소로 이동하던 중 생각지도 않은 교통사고가 발생하였다.

이른 아침이라 도로가 한산하여 주행 신호에 따라 경포대 앞 삼거리교차로에서 직진 신호대로 주행하는데 갑자기 왼쪽에서 상대방 차량이 나타나 신호를 위반하고 경적을 울리며 운전석 뒷바퀴 쪽을 꽝 하며 들이받았다.

차는 순간 자동으로 멈춰 섰고 운전석 내부 문이 잠기면서 안에서 문을 열 수가 없었다. 잠시 후 30대 중반으로 보이는 체격이 건장한 두 명의 청년이 다가와 문을 열어 주었다.

나가는 순간 본인들이 피해자인 것처럼 큰소리로 덤벼들며 다짜고짜 욕설을 퍼붓기 시작하는 것이 아닌가? 일단은 기세를 잡고 보자는 식이었다.

'이 새끼 죽여 버리겠다, 가족들을 가만두지 않겠다, 밤길을 조심하라'는 등 입에 담을 수 없는 욕설을 퍼부으며 주먹질을 하려고 하는 것이 아닌가! 놈들하고는 더는 대화할 수 없다고 생각되어 대항하지 않고 해당 보험사에 전화를 걸어 사고접수를 한 후 경찰에 신고하였다.

잠시 후 보험사 직원과 교통경찰이 도착하여 사고 경위를 조사하기 시작하였다 CCTV도 없고 블랙박스와 목격자도 없는 이른 아침에 일어난 사고라 황당하였다.

쌍방진술을 듣고 현장을 살펴본 경찰이 상대방 운전자를 향해 "당신들이 잘못했구면." 하는 순간 "내가 잘못했다고? 이 새끼가 무슨 말을 하는 거냐? 죽여 버리겠다!"는 등 경찰에 다짜고짜 덤벼들어 경찰이 더는 대화가 불가능하다고 판단하였는지 면허증을 가지고 서부지구대로 오라며 가 버렸다.

내 차를 살펴보니 마침 뒷바퀴 쪽이라 찌그러들었지만 많이 손상되지 않아 주행하는 데는 큰 문제가 없었다.

잠시 후 강릉 동부지구대에 도착하여 진술서를 작성하고 시험 시간에 늦을까 봐 급히 지구대를 빠져나와 시험 장소를 향해 주행하는데 갑자기 흰색 소나타 한 대가 나타나 진로를 방해하며 사고를 유도하는 것이 아닌가? 하마터면 또 2차 사고가 발생할 뻔한 아찔한 순간이었다. 직감에 한 일당이라 생각되어 강릉경찰서에 전화를 걸어 도움을 요청하였다. 경찰이 도착할 때까지 기다리고 있어야 했는데 감독관의 사명감만 생각하고 어떻게든 늦지 않게 간다는 생각으로 다시 주행하는데 사거리에서 적색신호가 들어왔다.

순간 문제의 차량을 따돌리기 위해 나는 신호를 위반하고 좌회전을 하여 둑길 쪽으로 약 2km쯤 달리고 있는데 또다시 그 차가 앞에 나타나 진로를 방해하는 것이 아닌가! 더는 주행이 불가능하다고 판단되어 도로변에 잠시 정차하고 다시 경찰에 전화를 걸어 위치를 주고받는 데 문제 차량이 예감하였는지 쏜살같이 사라져 버렸다.

대부분 운전자가 그렇듯이 갑자기 사고를 당하면 당황하여 이성을 잃게 된다. 상대방 차량번호를 사진으로 찍었어야 했는데 그런 생각을 하지 못한 것이 후회되었다. 드라마의 주인공처럼 각본 없는 연기를 하고 시험장에 도착하니 땀에 흠뻑 젖어 정신이 하나도 없었다.

시험감독을 마치고 귀가하는 동안 내내 악몽 같은 그 순간이 뇌에서 떠나질 않았다. 그리고 며칠이 지나 학교에서 수업하고 있는데 강릉경찰서 교통조사계 담당 조사관으로부터 전화가 걸려 왔다. 동부지구대에서 사건을 강릉경찰서 조사계로 이송한 것 같았다. 강릉경찰서 조사관인데 일전에 발생한 교통사고에 대한 추가 조사가 필요하니 강릉경찰서 조사계로 출석하라는 것이 아닌가? 괜히 죄인처럼 떨리고 몹시 긴장되었다. 며칠 후 약속 시간에 맞춰 강릉경찰서에 출석하여 사고 경위를 설명하고 진술서를 작성하는데 상대방 진술에서 내가 신호위반을 한 가해자라는 것이었다. 상대방은 두 명인데 나는 혼자고 목격자도 없고 CCTV도 없는 상황이지만 나는 일관성 있게 상대방이 신호위반을 했다고 끝까지 진술하였다.

상대방이 잘못을 시인하고 사과하면 나 역시 운전자로서 사건을 더는 확대하지 않고 간단히 끝내려고 하였는데 상대방 소행이 너무 괘씸하여 학교 주변 정형외과에 들러 진단서를 끊었다.

며칠 후 다시 늦은 밤에 담당 조사관으로부터 전화가 왔다. 서로의 주장이 엇갈려 거짓말탐지기를 사용해야 한다는 것이 아닌가? 상대방에 거짓말탐지기를 먼저 사용하였지만 정확하게 나타나지 않아 나도 거짓말탐지기를 사용해야 한다는 것이었다.

가해자도 아닌 피해자인데 나에게 거짓말탐지기를 왜 사용해야 하느냐고 항의하였지만 통하지 않았다. 괜히 내가 가해자인 것처럼 긴장되고 가슴이 떨렸다. 며칠 후 밤늦게 상대방 보험사 담당 직원으로부터 한 통의 전화가 걸려왔다. 상대방 보험사에서 잘못을 인정하고 합의하자는 전화였다. 합의금 명분으로 60만 원을 제시하기에 행태를 봐서는 불응하고 싶었지만, 학교생활에 지장을 줄까 봐 또 악몽 같은 당시 사고를 더는 재현하고 싶지 않아 쉽게 합의하고 말았다. 그런데 며칠 후 다시 강릉경찰서 담당 조사관으로부터 거짓말탐지기 조사를 받으러 오라는 것이 아닌가, 너무나 기가 막혔다. 상대방 보험사에서 잘못을 인정하여 합의하고 합의금까지 받았는데 무슨 소리냐고 화를 내니 그러냐면서 그럼 사건을 여기서 종결하겠다 하고 일단 사건은 마무리되었지만, 공정한 잣대를 적용해 사고조사에 임해야 하는 담당 조사관의 행태는 아직도 이해가 가지 않는다.

법정 경험도 인생 공부더라

어느 날 모 회장으로부터 전화 한 통이 걸려 왔다.

사연인즉 국제요리대회 비용에 관한 재판장의 질문에 참고인신분으로 출석하여 사실 그대로를 답변해 달라는 부탁이었다.

TV 드라마에서나 보던 법정을 체험할 좋은 기회라 생각하고 흔쾌히 승낙하고 긴장된 마음에서 날짜를 기다리다 일정에 맞춰 서초동 소재 법원 청사로 출두하였다.

죄인이 아닌데도 재판관 앞에서 사실관계를 입증해야 한다는 불안감 때문에 긴장되고 떨리는 마음은 어쩔 수 없었다.

시간에 맞춰 법정으로 올라갔는데 많은 사람이 복도에서 웅성거리며 내부재판이 끝나기를 기다리고 있었다. 법정 앞에 모니터에는 그 법원에서 진행할 각 사건의 목록과 시간이 보이는데 잠시 후 호명과 함께 안내원을 따라 긴장된 마음으로 재판장 안으로 들어섰다.

법정은 생각보다 좁아 보였지만 연속극이나 영화에서 보던 그런 법정은 아니었고, 안쪽에 판사석 중앙에 원고와 피고석, 그리고 문가엔 작은 의자들이 두 줄로 촘촘하게 놓여 있었다. 법정에 들어간 당사자들은 이 의자에 앉아 있다 호명하면 나와서 원고나 피고석에 앉게 되는데 호명과 동시에 나는 증인석에 앉았다. 잠시 후 단상 뒤편에서 재판장이 나와 착석하면서 증인선서가 시작되었다. 나는 본 재판의 증인으로서 법과 원칙에 따라 성실히 답변하고, 진술이 사실과 다를 시 어떠한 법적 처벌도 감수하겠다는 선서를 하고 착석하였다. 증인은 모두 3명이었는데 1명은 불참하였다.

신문의 요지는 다음과 같았다. 증인은 피고인과 어떠한 관계인가? 피고

인과 언제부터 알게 되었는가? 피고인과 최종 만난 날은 언제인가? 등으로 시작하여 일행의 항공료는 어떻게 지급했는가? 숙소인 호텔은 몇 등급이었는가? 식비는 어떻게 해결했는가? 등등 사전에 회장님으로부터 전해 받은 정보와 대부분 내용이 일치하였다.

다음 검사로부터 추가 신문이 있었지만 간단한 확인 절차만 하고 신문을 마쳤다. TV 드라마에서나 보아 왔던 재판 장면을 직접 현장에서 체험해 보는 좋은 계기가 되었다.

장밋빛 환상을 버려라

요즘은 제과 제빵사에 대한 학생들의 사회적 관심이 아주 높다.

드라마 때문인지 제빵 일에 환상을 갖고 도전하는 사람들이 많다. 드라마 속 제빵사는 내가 봐도 화려하고 환상적이다.

쾌적한 작업장에서 마치 요술쟁이처럼 크게 힘들이지 않고 먹음직스러운 빵을 만들어 낸다. 멋진 연인과 데이트할 시간도 넉넉하다. 사람들은 동경의 눈으로 제빵사를 본다. 드라마 속의 주인공처럼 제빵사가 되어 멋진 애인도 만나고 예쁜 케이크도 척척 만들고 싶어 한다. 아니 그럴 수 있을 거라고 착각한다. 그러나 현실은 그렇지 않다. 텔레비전 드라마와는 엄연히 다르다. 이 일을 해 보지 않은 사람은 모를 만큼 상상을 초월한다.

단순히 취업이 여의치 않다거나 제빵에 대한 막연한 기대와 환상으로 이일에 덤벼드는 건 위험하다. 진심으로 제빵 일을 원하지 않는 사람이라면 심사숙고해야 한다.

별 각오 없이 막연한 환상으로 이 일을 시작한 사람들은 금세 포기하고 만다. 나는 그들에게 조언하고 싶다. 전문 제과제빵사가 되려면 현장실습을 거쳐야 한다. 실습생은 기본을 배우는 자세이다. 메모와 복습은 필수이며 자신이 완벽하지 않다는 것을 전제로 선배들에게 끊임없이 질문을 해야 한다. 긍정적이고 적극적인 사람만이 하나라도 더 얻을 수 있다. 또 하루아침에 무엇인가를 이루려는 성급함을 버리고 매일매일 조금씩 알아 가려는 자세를 갖는 것이 중요하다. 곧 내 손으로 근사한 케이크며 바게트를 만들어야지 하고 생각한다면 그만큼 인내심을 갖고 노력해야 한다. 인내와 노력 없이 저절로 제빵사가 되리라고 기대하는 사람들에겐 발전이 없다. 제빵사를 꿈꾸는 사람 중에는 유학을 해야 하는 게 아닌가 묻는 사람도 있다. 실제로 최근에는 일본이나 프랑스로 유학을 하려는 사람들이 많다. 그러나 유학이 전부는 아니라고 나는 생각한다. 문제는 열정이다. 어떠한 자세로 공부하고 얼마나 성실하게 자신의 터를 닦느냐가 중요하다.

제빵사가 되는 길

우선 전문 사설학원의 제과제빵 훈련과정을 이수하는 것이다. 보통 6개월의 자격증 취득과정과 1년 과정의 한국제과 고등기술학교에 입학하면 졸업 후 제과제빵 자격시험에서 필기시험을 먼저 받을 수 있다. 취업 준비 중인 일반인이라면 제과 기업에서 운영 중인 직업 훈련원에 들어가면 수강료 등을 면제받을 수 있다.

그런데 직업 훈련원 경쟁률이 점차 높아지는 추세이다. 대학의 제과제빵 학과에 진학하는 방법도 있다.

2년제 대학을 중심으로 제과 제빵 관련 학과가 개설돼 있다. 같은 조건이라면 업체들은 보통 대졸자를 선호한다. 호텔 등에서 일하고 싶다면 대학을 마친 뒤 프랑스나 일본 등으로 유학을 다녀오는 것도 나쁘지 않다. 직접 제과점을 경영하고자 한다면 프랜차이즈 업체나 자영 제과점에서 어느 정도 경력과 기술을 쌓는 것이 좋다.

관련 자격증으로는 제과 기능장, 제과기능사가 있다. 모두 국가자격증이다. 제과점 개업이나 취업에 필수적인 것은 아니지만 제과 회사나 제과점 등에서 자격증을 가진 사람을 우선 채용하는 추세이므로 자격증을 취득해 놓는 것이 좋다.

어떤 직업이든 '전문성'을 갖추는 것이 중요해지는 요즘, 자신의 업무 역량을 높이고 검증받고자 힘쓰는 사람들이 늘고 있다. 이러한 양상은 특히 바리스타 자격증과 라테아트 심화 능력 등 다소 세분화돼 있는 커피 분야에서 두드러지고 있다.

그중에서도 곳곳에서 카페를 창업하려는 이들, 그리고 바리스타로 취업을 도모하려는 이들이 증가함에 따라 커피의 기본인 원두를 공부하기 위해 '로스팅'에 주목하는 수요가 높아지는 추세다

아버지와 술

할아버지는 학자이셨다. 한문에 능통하시며 시간만 나시면 붓으로 글씨를 쓰셨다. 손자 손녀들을 무척 좋아하시고 인자하셨다. 집안 아이들 이름

도 대부분 할아버지가 지어 주셨다고 한다. 또한 할아버지는 낚시를 무척 좋아하셔 강태공이란 별명이 있기도 하셨다.

비가 오는 날에도 우장(雨裝)과 삿갓을 쓰고 '큰 못' 저수지 물을 모아 두기 위하여 하천이나 골짜기를 막아 만든 연못에 낚싯대를 들고 가셔서 붕어를 한 바가지씩 낚아 오신 모습이 눈에 선하다. 점심시간도 잊으시고 낚시에 몰입하시는 날에는 누님께서 도시락을 싸 낚시터까지 배달해 드린 일들이 잊히질 않고 생생히 떠오른다. 소먹이로 다니던 어린 시절도 있었는데 하루는 마을 또래 모두가 산에 소를 먹이러 가던 중 '누룩치'쯤 갔을까 봐 또래 형께서 저놈의 영감태기 저러다가 못에 빠져 죽을 거라는 소리를 듣는 순간 나는 화가 나서 울고불고 대들며 한바탕 싸움을 한 적도 있다.

할머니는 내가 중학교 3학년 때 돌아가셨는데 그해가 계묘년이었다.

3주가량 장맛비가 쉴 새 없이 쏟아지면서 들판에는 수확 중인 보리들이 이곳저곳에 쌓여 하루도 햇볕 나는 날이 없어 수확기가 된 보리들은 논바닥에서 싹이 나기 시작했고 일 년 농사를 모두 썩히게 되어 가족들의 마음은 더욱더 애간장이 탔다. 나는 어린 마음에 보리가 모두 싹이 나 버리면 내년 농사를 어떻게 지을까? 하는 초조와 불안감에 종자 씨앗이라도 마련해야겠다는 강박관념에 잠깐 빗줄기가 약해지는 틈을 타서 들판으로 나가 흠뻑 젖은 보리를 한 짐 꾸려 지게에 지고 와서는 아래채 헛간에 말리곤 했다. 그때의 기억이 지금도 생생하다.

하루는 아버지와 옆집 아저씨께서 청마루에 걸터앉아 농주를 한잔하시며 비가 그치기만을 기다리고 있는데 오늘도 내일도 계속해서 비가 내린다는 기상예보를 듣고 아버지는 홧김에 벽에 걸려 있던 스피커 통을 떼서 마당으로 집어 던진 일화도 있다. 그러나 울 아버지는 법 없이도 살 수 있는 사람이라고 동네에서 이야기가 자자할 정도로 심성이 착하셨다. 한평생 심장병으로 고생하시면서도 술, 담배를 끊지 못하시고 술은 애주가를 넘어 알코올 의존증 상태에서 하루도 술을 드시지 않으면 못 살 정도로 밤낮없이 술을 드셨다. 밥보다 술을 더 좋아하셨으니까. 그렇다고 술을 한꺼번에 많이 드시는 것도 아니었다. 나는 그런 아버지를 어릴 때부터 가까이서 지켜보면서 결심을 하게 되었다. 나는 절대로 술을 먹지 않겠다고 그때부터 자신과 약속을 하고 그 약속을 지키기 위해 지금도 노력하고 있다. 알코올 중독이 얼마나 무서운지 그 당시 아버지에게 큰 충격을 받았기 때문이다.

어머니는 조상 대대로 내려오는 집안의 대물림이라고 하셨다. 화초가 수분이 떨어지면 시들었다가 물을 주면 싱싱하게 다시 살아나듯 아버지도 알코올 성분만 떨어지면 몸에 힘이 빠지고 매사에 의욕을 잃다가도 술만 또 한 잔 드시면 언제 그랬냐는 식으로 힘이 솟구치고 기분이 좋아지시면서 흥겨운 노랫가락이 절로 나시곤 하셨다.

특히 부모가 알코올 의존상태일 때는 그 자녀는 4배 이상 알코올 의존증 환자가 된다고 하니 알코올 중독이 얼마나 무서운가를 자녀에게 알리고 싶어 이 글을 썼다.

우리 마을 매곡마을은 아래위 동네를 모두 합쳐 30여 가구에 불과한 조그마한 두메산골이지만 우리 집은 부모님이 열심히 모은 재산으로 문전옥답이 12마지기(약 7,900㎡)로 마을에서는 갑부로 알려졌다. 해마다 벼농사를 지어 탈곡기로 털어서 벼 수확을 하면 시절이 좋은 풍년에는 벼 30석 이상을 하였으니까 술을 좋아하신 아버지로서는 농사일을 감당하기 어려워한 해도 빠짐없이 새경을 주어 가면서 머슴을 데려 농사를 지으셨다.

그러나 나는 군 제대 이후 곧바로 요리사의 꿈을 안고 서울로 떠났고 동생이 장남이 해야 할 일을 전담하면서 아버지의 농사일을 도왔다.

내가 해야 할 일을 동생에게 맡기고 객지로 떠나온 나의 마음은 항상 무겁고 죄책감에 마음 편한 날이 없었다.

그러던 어느 날 동생으로부터 전화 한 통이 걸려 왔다. 아버지가 위독하시다는 전화였다. 아버지께서 술을 드시고 마당에서 일하시다 축담으로 올라오시던 중 넘어져서 뇌진탕으로 의식불명이라는 전화였다.

나는 하던 일을 멈추고 짐을 꾸려 황급히 고향으로 내려갔다.

아버지는 아들도 알아보지 못하는 상태에서 일주일 정도 고생하시다 세상을 떠나셨다. 엄동설한에 설 대목이라 날씨가 얼마나 추운지 찾아오는 조문객도 그리 많지 않았다.

출상일 계원들이 상여를 메고 장지까지 갔는데 갑자기 바람이 세차게 불면서 폭설이 퍼붓기 시작하였다. 순식간에 무덤을 덮어 어려움이 있었지만 그래도 장례를 치르는 데는 큰 문제가 없었다.

창원과 부산 쪽에서 온 손님들이 귀가하는 도중 30센티 이상 내린 폭설로 고속도로에서는 교통대란이 일어났다고 한다.

친구가 이야기하는 당시 악몽 같은 상황을 인용하면 매곡마을에서 출발할 때 이미 대설특보가 발효 중이었고 교통 혼잡과 미끄럼 사고가 우려되는데도 스노체인이나 제설 장비 하나 준비 없이 내일 해야 할 일들이 걱정되어 위험을 무릅쓰고 출발하였다고 한다. 출발 때 이미 눈이 많이 쌓여 마을 앞 비탈길을 내려가는데 길이 보이질 않아 빗자루로 쓸면서 거북이걸음으로 간신히 대이초등학교까지 갔지만 날씨도 어두워지고 배도 고픈데 방송에서 진주 방면 통행이 통제되었다는 방송이 나왔다고 한다. 진주 방면으로 운행하는 운전자들은 대이초등학교에서 하룻밤을 보내라는 교통경찰관의 안내를 받고 배도 고프고 날도 어두워져 더는 주행이 어렵다고 판단되어 다급히 학교 운동장에 주차하고 일행 모두 교실로 들어갔다.

허기를 면하기 위해 인근 구멍가게에 가니 먼저 온 사람들로 북새통을 이루며 식료품은 모두 동이 난 상태였다고 한다. 컵라면 몇 개를 어렵게 구매하여 끼니를 때우고 교실에서 추위에 떨면서 하룻밤을 지새우고 아침에 일어나 다시 운전을 속개하였는데 진주로 나와서 고속도로에 진입하니 교통대란으로 도로 주변 여기저기에 사고 차와 고장 난 차들이 눈 속에 파묻혀 있고 도로는 거북이걸음으로 차가 움직여도 기어가는 수준으로 주차장을 방불케 하였다고 한다. 엎친 데 덮친 격으로 전화도 안 되고 기름까지 떨어져 옆 차량의 도움으로 도중에서 간신히 비상용 기름을 사 넣고 집에 도착하였다. 27시간 정도 소요되었다고 하니 과히 당시의 날씨와 도로 상황이 얼마나 험악했는지 예측할 수 있다.

울 아버지

나는 이 노래를 들을 때마다 가슴이 찡하고 눈시울이 뜨거워진다.

내가, 내가 가는 이 길은 우리 아버지가 먼저 가신 길 내가 흘린 땀보다 더 많은 땀을 흘리시며 닦아 놓은 그 길을 내가 갑니다. 이제야 내 자식이 따라오겠지. 나름대로 꿈을 꾸면서 물이 아래로 흘러내리듯 사랑은 내리사랑이라 하시든 말씀을 이 나이에 알았습니다. 그 사랑 뒤에 흘리신 아버지의 눈물을 이 나이에 알았습니다. 고맙습니다, 고맙습니다, 아~ 울 아버지.

- 〈울 아버지〉 가사 중에서 -

자녀에게 하고 싶은 말

금주하라. 알코올에 손상된 뇌세포는 회복 불가능하다고 한다.

정년퇴직 후에 할 일을 지금부터 준비하라. 오늘 걷지 않으면 내일은 뛰어야 한다.

일을 위해서 살고 돈을 위해서 살지 말아라.

공짜나 일확천금은 바라지 말아라.

너와 아주 친한 사람들을 믿고 무언가 일을 추진하지 말아라.

중요한 일을 앞두었다면 집에 일찍 들어가 편안하게 쉬어라.

가장 어려운 싸움은 자신과의 싸움이다.

내가 보기에 평범하다고 여기는 사람들일수록 친절하게 대하라. 막상 어려운 일이 생기면 평소 친했던 사람들보다 그저 이름이나 알고 지내던 사람들이 더 도움을 준다.

있을 때 잘해

　베풀 수 있을 때 많이 베풀어라.

　직장생활을 하면서 평생 이 직장에서 근무한다고 생각하는 직장인은 한 명도 없을 것이다. 하지만 하루하루 습관적으로 일어나서 직장에서 일하다 보면 언젠가는 이 생활을 그만둔다고 생각하지 못한다. 그러나 어느 날 직장을 떠나게 되는 날 매일 가족보다 더 많이 만나고 이런저런 이야기를 나눈 동료들이었기에 설마 그렇지 않을 거라 생각한다. 그러나 현실은 그렇지 않다. 직장에 있을 때만 내 것이다. '내 동료, 내 사무실, 내 자리, 내 책상'이라고 말하지만, 직장을 막상 떠나고 나면 내 것으로 생각했던 그 모든 것이 내 것이 아닌 회사의 자산일 뿐이다. 많은 이들이 직책에서 물러나면 모든 것이 한순간 무너져 버린다. 아직 건강하고 할 일이 많은데 나가라고 하는 직장과 사람들이 원망스러워진다.

　나는 한평생 조리사 생활을 하면서 어려움에 부딪힌 사람들을 참 많이 도와주기도 하였다. 특히 고향 후배들과 가까운 일가 천적의 동생, 조카들 그리고 장래 요리사를 희망하는 주위의 많은 사람과 실직자들에게 특히 호텔 쪽으로 취업을 많이 알선해 주었다. 당시는 지금처럼 공개채용보다는 주방장끼리 통하는 인맥으로 직장을 알선하거나 직업소개소를 통해 구직자를 채용하던 시절이었기 때문이다. 물론 신축호텔 오픈 초기 신입사원 모집은 공개채용으로 하였지만, 개장 후에는 공고보다 대부분 결석을 주방장끼리 연락하여 충원하던 시절이라 마음만 먹으면 많은 사람을 취업시키는 데 큰 어려움이 없었다.

　세월이 많이 흘러 지금도 나의 도움으로 외식업체와 특급호텔에서 성장하여 후배들이 열심히 일하는 걸 보노라면 대견하기도 하고 자랑스럽기도 하지만 일 년이 지나고 십 년이 지나도 안부 전화 한 통 없을 때는 회의를 느낄 때도 가끔 있다.

그러나 모든 사람이 다 그런 것은 아니다. 눈물겹도록 인연을 중시하는 후배 제자들도 많이 있다.

20여 년 동안 한결같이 안부를 전하며 연말만 되면 지금까지 찾아오는 제자도 있다. 63빌딩 근무 당시 휴일이면 나는 종로5가 수도 요리학원에 조리사자격증반 출강을 나갔다. 직장에서 하는 일도 바쁜데 휴일도 쉬지 않고 외래강의를 한다는 것은 쉬운 일이 아니다.

일은 어려웠으나 장래에 조리사가 되기 위해 꿈을 키우며 열심히 학원을 찾는 학생들과 함께 어울린다는 것은 즐겁고 참 행복한 일이었다. 물론 학원에서 강의를 듣는다고 다 훌륭한 조리사가 되고 자격시험에 합격하는 것은 아니었다. 당시만 해도 조리기능사 실기시험 최종 합격률은 평균 30~40%였다.

하루는 63빌딩 메인 키친에서 연회장 행사를 마치고 사무실에서 잠깐 쉬고 있는데 학원 수료생 중 제자 한 명이 예고도 없이 직장을 찾아왔다. 사연인즉 "취업을 해야 하는데 인맥이 없어 체면을 무릅쓰고 선생님을 찾아왔습니다. 혹시 자리가 있으면 잘 부탁합니다. 무슨 일도 마다하지 않고 열심히 하겠습니다." 하는 부탁이었다. 이야기를 듣고 보니 가정 형편도 어려워 보이고 또 평소 학원에서 성실한 학생이라 나는 곧바로 인사과에 부탁하여 실습생으로 취업시켜 주었다.

3개월 실습과 6개월 수습을 거쳐야 정식발령을 받는데 수습이 끝날 무렵

강남 역삼역 부근 특1급 르네상스호텔이 신규 오픈하면서 신입사원을 모집하는 채용공고가 나왔다. 나는 더 큰 꿈을 펼치라고 총주방장 보직을 맡은 친구에게 부탁하여 제자를 르네상스호텔로 보냈다. 외식업체보다는 특급호텔에서 근무하는 것이 복리후생은 물론 배울 점도 많기 때문이다. 그때가 조리사들의 최고 황금기라 해도 과언이 아니었으니까.

이후 인터콘티넨탈호텔이 오픈하였는데 다시 그 호텔로 추천해 승승장구하였다. 20년이란 세월 동안 직장생활을 하다 개인 사정으로 회사를 그만두고 다른 사업을 하는데 지금도 그때 맺은 인연을 잊지 않고 있다.

그는 부친께서 생전에 하신 말씀을 잊을 수가 없다고 한다. 부친은 시간이 날 때마다 자식들에게 어려울 때 도와준 사람을 평생 잊지 말라는 말씀을 남기셨다고 한다. 아버지의 말씀을 실천에 옮길 뿐이라고 하지만 분명 쉬운 일은 아닌데, 인간이 살아가다 보면 인간관계가 대단히 중요하다. 그러나 많은 사람은 그 중요성을 잊고 산다. 개구리 올챙이 시절 모른다는 속담처럼 사람이 뜨면 욕심이 생기고 주변과는 멀어지는 느낌이 어쩔 수 없이 존재하는 것 같다. 본인이 잘되면 이제는 거들떠보지도 않는다. 다시 또 그들이 어려움을 경험할 때 다시 받아 줄 수 있는 지인들이 있겠지만, 대부분은 그렇지 못하게 배신감을 느끼는 분들도 많을 것이다.

살아가면서 누군가와 인연을 맺고 헤어짐에 있어 아픔과 슬픔을 남기며 사는 게 우리의 인생이다.

서당에 다닐 때 배운 명심보감의 한 구절이 기억난다.

"인생하처 불상봉(人生何處 不相逢)이라 수원(讐怨)을 막결(莫結)하면 노봉협처(路逢狹處)면 난회피(難回避)니라" 하는 구절이 있다. 사람이 살다 보면 어느 곳에서든지 서로 만나게 된다. 원수와 원한을 맺지 말아야 한다. 길 좁은 곳에서 만나면 피하기 어렵다는 뜻이다. 은혜와 의리를 널리 베풀어야 한다.

오늘도 누군가에게 삶의 희망이 되며 용서와 화해가 함께하는 은혜로운 날이 되길 바라는 마음과 한 번 맺은 인연은 목숨보다 더 소중히 여기라는 뜻에서 이 글을 써 보았다.

일에서 찾은 보람

일은 인간의 삶에서 너무나 중요한 원동력이다. 하지만 일이 주는 즐거움만으로는 온전히 만족할 수 없는 것이 인간의 본성이기도 하다. 왜 우리는 일에 그토록 집착하면서도 일이 주는 기쁨에 완전히 만족할 수는 없을까. 제 일을 온전히 사랑한다는 것은 쉬운 일이 아니다,

'원하는 삶'과 '해야만 하는 일'이 다를 때가 많기 때문이다. 우리가 하는 일은 먹고사는 일을 해결해 줄 뿐 아니라 '내가 누구인가'를 조금씩 알아 나갈 기회를 제공하기도 한다. 그 사람이 어떤 일을 하는지에 따라 그의 행동 반경이나 인간관계가 바뀌고, 무엇보다 생각의 범위와 패턴이 바뀌기 때문이다. 자신이 하는 일을 통해 '내가 누구인가'를 느끼고 '내가 어떤 사람이 되어야 할 것인가'를 고민하는 것은 노동하는 인간의 소중한 권리이기도 하다.

그런데 일을 통해 진정한 만족과 보람을 느끼는 사람들은 생각보다 많지 않다. 오히려 생계 때문에 자신이 진심으로 좋아하지 않는 일을 억지로 열

전국 연(蓮) 요리대회 시상식이 끝나고

심히 하는 사람들이 많다. 적성에 맞지 않는 일을 하는 사람에게 발전이란 있을 수 없다.

내가 진정으로 원하는 삶과 내가 지금 해야만 하는 일 사이의 거리감은 인간을 불행하게 만든다. 내가 하는 일에서 '나다움'을 찾지 못하면 삶의 질 뿐 아니라 자존감까지 위협받게 된다.

일을 맹목적으로 열심히 하는 것에 그치지 않고, 똑같은 일을 더욱 창조적으로 할 수 있는 방법을 다양하게 모색해 보는 것이 중요하다.

인생이 살아가는 데 가장 중요한 것이 건강과 행복이라고 생각한다. 행복을 돈에서 찾지 말고 일에서 찾아라. 일이 즐거우면 정신과 육체는 자연적으로 건강해진다.

총성 없는 전쟁터

영업시간이 되면 주방은 총성 없는 전쟁터를 방불케 한다.

조리사는 삼복더위에도 40도를 오르내리는 불 앞에서 고객과 싸워야 한다.

주방과 군대는 유사한 점이 많다. 먼저 군대는 유사시 적군을 이기기 위하여 신병훈련소에서 전술훈련에 대한 기본 교육을 받는다. 제식훈련에서부터 각개전투, 총검술, 사격술 등 호텔 주방도 마찬가지로 조리사들은 학교와 전문기관에서 기본 교육을 받고 현장에 투입되면 다시 기본기를 습득한다. 군대는 신병훈련소에서 습득한 기본전술을 바탕으로 유사시 적군과 전투를 벌인다. 조리사 역시 영업시간이 되면 고객과 총성 없는 전쟁을 벌인다. 메뉴를 주문받는 그 순간부터 고객과의 싸움은 시작된다. 고객과의 전쟁은 맛과의 승부다. 맛으로써 고객의 입맛을 KO 시키지 못하면 패하는 것이다.

군대는 상하 간의 계급이 존재한다. (이병. 일병. 상병. 병장 등) 주방도 역시 상하 간의 직급이 존재한다(수습생. 조리 보조. 조리사. 주방장 총주방장). 군대는 병과가 존재한다(보병. 통신. 수송. 보급. 포병 등). 주방도 부서가 존재한다(양식당, 일식당, 중식당, 한식당, 커피숍 등).

보급부서가 군수 물품을 보급하는 곳이라면 메인 프로덕션(핫 키친, 콜드 키친, 부처키친) 역시 각 업장에서 사용할 기본 요리와 식자재를 1차 가공하여 각 업장으로 제공하는 중앙보급소다. 각 업장에서는 직접 고객과 싸우는 식당으로 부대의 전투부서인 소총 소대와 같은 임무를 수행한다.

영업시간의 시작과 동시에 주방은 전쟁을 방불케 하는 총성 없는 전투가 시작된다. 군대의 전투는 적을 먼저 사살해야 내가 사는 싸움이지만, 주방에서의 전투는 고객과의 싸움이다. 고객의 입맛을 만족시켜야 내가 산다. 따라서 고객을 이기려면 고객의 정보를 입수하여 철저히 분석하고 치밀한 작전을 세워야 승리할 수 있다. 즉 고객의 취향부터 성격, 나이, 성별, 취미, 식습관과 그날의 기분까지도 잘 파악해야 하고 그에 상응하는 대비책을 마련하여야 승리할 수 있다.

군대에서도 유사시 적군에 이기기 위해서는 적군의 정보를 사전에 입수해 철저히 분석하고 작전을 세운 후 전술을 펼쳐야 하듯이 말이다. 상대를 알고 나를 알면 백전백승한다. 따라서 주방의 규율도 군대의 군기 못지않게 엄하고 서열이 분명하다. 다만 차이점이 있다면 군대는 적과의 싸움이지만 주방은 고객과의 싸움이라는 차이점이 있다. 따라서 조리사는 고객과의 싸움에서 이기기 위해서는 평소에 공부를 많이 하면서 폭넓은 지식과 기술을 연마하여야 한다. 고객의 취향은 나날이 변하고 있으므로 고객의 입맛을 사로잡기 위해서는 부단한 노력과 연구만이 살길이다.

현장의 목소리

저는 이번에 산업현장교수 지원을 신청하게 된 ○○학교의 호텔조리과 학과장을 맡은 교사 김○○입니다.

저희가 이번에 산업현장교수 수업의 지원을 100시간을 신청한 데는 학교의 존폐가 달린 중요한 갈림길에서 있기에 간절한 마음에서입니다. 본교는 ○○의 유일한 고등학교로 공립 위탁교육이지만 학원의 사립 위탁과 신입생 모집을 두고 경쟁을 하고 있습니다. 고 3학년들이 1년 동안 본교에 와서 국비로 직업교육을 받을 수 있어 혜택도 많고 참 좋은데 올해도 신입생 모집이 원활하게 되지 않아 3차 추가 모집 중이며 대다수 학과가 모집 정원을 채우지 못하고 있습니다. 학과 개편을 구상하며 활로를 찾고 있지만, 그 또한 쉽게 이루어지지 않고 여러 가지 문제에 봉착하여 난항을 겪고 있습니다.

호텔조리과는 3학급 60명 모집에 58명이 입교하여 그나마 입학정원에 근접하였습니다. 그것은 모두 학과를 '조리'와 '제과제빵'으로 과정을 나눠서 모집했기 때문입니다. '조리'과정의 학생들은 1년 동안 주 34시간의 수업 시간이 있는데 이 중 27시간은 조리 이론 및 실습 교과를 운영합니다. 특성화고 학생들이 3년 동안 배우는 교과의 양에 비하면 적은 시간이지만 1년 동안 집중과 몰입을 통하여 수료할 즈음에는 특성화고 학생들과 유사한 진로를 향하고 있습니다. 방향은 유사하나 취업률을 비교하면 매우 낮은 수준입니다. 조리를 배우고 부족한 역량으로 인해 조리로 직업을 갖기를 망설이는 학생들을 보면서 지도 교사로서 매우 안타까운 마음입니다.

고3이 되어서 본교에 오다 보니 학생들의 수준이 천차만별이며, 기초부터 심화까지 폭넓은 지도가 이루어져야 합니다. 하지만 교사의 역량이 부족하여 학생들이 재학 중에 습득할 수 있는 서양 조리의 이론과 기술의 폭이 매우 한정적입니다. 그것을 설명하는 단편적인 예는 작년 '조리'과정 학생들의 조리 자격증 취득률은 50% 정도이며 이 중에 서양조리 자격증 취득은 20% 정도에 그칩니다. 부끄럽지만 본 교의 교사들은 실무 경험이 거의 없습니다. 대학에서 배우고 임용시험을 보고 온 교사로서 현장의 기술을 학생들에게 전수하기란 여간 어려운 것이 아닙니다. 10년의 경력이 있지만, 중간에 휴직 기간도 길었고, 해마다 가르치는 교과가 바뀌는 탓에 실습수업의 내공이 깊지 못함도 있습니다. 직무 연수도 듣고, 책을 사서 보며 동영상으로 공부를 해도 한계가 느껴집니다. 학생들은 본 교를 수료하고 취업을 하면 조리하는 주방에 바로 투입되는데 현장경험이 부족한 교사로서 현장실무교육을 한다는 것에 어려움이 큽니다. 그래서 간절한 마음으로 도움을 요청합니다. 본 교를 선정해 주시기 바랍니다. 시간도 줄이지 말아 주시기를 바랍니다.

전년도 산업현장교육에 학생들의 반응이 너무 좋아 학교와 학과에 큰 도움이 되었으며 30시간으론 단계적으로 교육을 하는 데 시간이 턱없이 부족해 아쉬운 점이 많았습니다.

학생들을 잘 지도하고 싶습니다. 올해는 자격증 취득률도 60% 이상을 달성하고 학생들의 취업률도 50% 이상을 목표로 하고 있으며 잘 이끌어 줄 멘토가 필요합니다. 학생들만이 배우는 것이 아니라 교사들도 배울 준비가 되어 있습니다. 이를 토대로 다음에 본 교에 올 학생들에게 희망을 주고 싶습니다. '저 학교에 가면 잘 배울 수 있다.', '저 학교에서는 꿈을 꿀 수 있을 것 같다.' 그러니 저희의 간절함을 들어주시기 바랍니다.

국제 탑셰프 그랑프리대회

코로나19로 인해 외부 활동을 하기가 두려운데도 학생들의 요리대회 지도를 위해 주말도 잊은 채 오늘도 즐거운 마음으로 제천으로 향했다. 호법 분기점에서 강릉 방면으로 가다 영동고속도로로 진입하여 이천-여주 분기점-문막-만종분기점, 안동 방면- 다시 영동고속도로로 진입하여 남원주-신림-제천 38번 국도를 지나서 제천/영월 방면으로 빠져나온 후 제천시내로 진입 교육 장소에 도착하면 약 2시간 정도 걸린다. 원래 9시부터 수업 시작인데 몇몇 학생들은 미리 도착하여 실습 준비를 바쁘게 하고 있었다. 장래 조리사의 꿈을 키워 나가는 학생들이기에 열정 또한 대단하였다. 또래 학생들은 간만의 휴식을 즐기면서 주말을 보내고 있겠지만 주말까지 반납하면서 요리에 대한 꿈을 키우려는 학생들을 보니 절로 힘이 솟구친다. 그래 뭔가 꿈을 이루기 위해서는 남과 달라야 한다. 남들과 똑같은 생각으로 똑같은 일을 하게 되면 남들과 똑같은 사람밖에 될 수 없다. 스스로 계획하며 일구어낸 것보다 살다 보니 깨닫게 된 지혜가 더 소중하다는 것도 깨닫게 되었다.

교육은 주 4회인데 1회는 완성된 요리의 피드백 시간으로 평가를 통해서 부족한 부분을 찾아 수정하고 잘된 점을 더 보완하는 방식으로 대회를 준비하였다. 드디어 결전의 날이 다가왔다. 대회에 늦지 않기 위해 학생들은 새벽 4시에 일어나 전날 준비해 둔 재료들을 다시 확인하고 제천에서 5시 30분에 출발하여 7시 30분경에 경연장소인 양재동 aT센터에 도착해 지하 주차장에 짐을 풀고 필요한 재료와 도구를 모두 챙겨 대회장으로 운반하였다. 출입구에는 수많은 화환을 통해서 대회에 관한 관심이 얼마나 많은지 대회에 대한 공신력 또한 얼마나 높은지 확인할 수 있었다. 요리경연에는 전국에서 모인 413명의 조리계열 학도와 일반인이 참여하여 전시 부문과 라이브부문으로 나뉘어 행사 기간 내내 열띤 경연으로 긴장감 있게 진행되었으며 특히 우리 학생들의 라이브 경연대회를 보면서 더욱더 보기 좋았던 건 팀워크들과의 단합이었다. 제출된 요리와 제출한 레시피대로 정해진 시간 내에 완벽히 구사해야 하는 경연이나 팀워크들과의 단합 또한 빠질 수가 없다. 경연이 본격적으로 시작되고, 다들 분주하게 세심한 손길로 정성스럽게 요리하는 모습들이 보기 좋았다. 이렇게 요리가 완성되면 심사위원들의 심사를 거쳐서 수상자가 결정되는데 학생들은 노력의 대가로 모두 금상과 은상을 수상하였다.

이런 요리경연을 요리사들의 축제라고 한다. 스포츠에서 올림픽이 있듯이 요리사들도 이런 경연을 통해서 서로의 정보를 교류하고 요리 관련 트렌드, 조리문화에 대해서 많은 경험과 견문을 넓힐 수 있고 또한 요리대회를 통해 학생들에게 자신감을 심어 주는 계기가 될 수 있다. 앞으로 훌륭한 요리사로 성장하기 위해서는 다양한 요리대회와 더 큰 요리대회를 경험하고 세계적인 요리사들과의 인맥을 넓힘으로써 자신의 실력을 돌아볼 수 있는 기회가 더욱 중요하다고 본다. 이번 요리대회를 준비하면서 학생들이 더 폭넓은 눈으로 요리의 세계를 접할 수 있기를 기대한다.

좋은 인연이 좋은 결과를 불러온다.

찾아온 고향

찾아왔네! 찾아왔네! 그리운 고향을 찾아왔네!
옥수수 무르익고 풋고추 익어 가는 고향을 찾아왔네!
지난날 푸른 꿈에 고향을 버렸지만,
지금은 인생의 황혼길에 서서
그리운 내 고향을 못 잊어서 찾아왔네.
- 찾아온 고향 -

유행가의 한 가사처럼 십 년이면 강산도 변한다는데 고향을 떠나온 지
강산이 무려 5번이나 변한 그립고 정든 고향을 찾아가 보니 감회가 새롭고
가슴이 찡하였다.

언제 들어도 정겨움이 묻어나는 내 고향, 마을의 길을 걷다 보니 어린 시
절 생각들이 주마등처럼 떠오른다.

논길을 걷노라면 개구리도 보고 행여나 수풀 속에서 뱀이라도 나올까 봐
가슴 조이며 논 언덕길을 걸으면서 가을이면 메뚜기를 잡기도 하였다. 모
내기할 때면 논둑에 앉아서 먹던 새참과 점심밥만은 지금도 잊을 수가 없
다. 지금은 추수도 현장에서 탈곡하지만, 당시는 가장 힘든 일이 한낮 땡볕
더위에 땀을 뻘뻘 흘리며 보리 곡식을 두들겨서 알맹이를 떨어내는 도리깨
질인데 혼자도 도리깨질을 하지만 서너 사람이 마주 서서 차례를 엇바꾸어
가며 떨기도 한다. 이때 한 사람이 소리를 내서 속도를 조정하는 동시에 노
동의 괴로움을 덜기도 하였고 가을 추수 때면 볏단을 지게에 지고 집으로
가져와서 낟가리를 높이 쌓아 놓고 탈곡기로 털었다. 그 볏단을 집으로 나

르는 일을 동생들과 누나들과 함께한 기억이 생생하다. 특히 가을 벼 수확철에 비가 내리는 날이면 공치는 날이었다. 논 웅덩이에서 미꾸라지를 한양동이씩 잡아 얼갈이배추와 호박잎을 뜯어 넣고 '제피가루'를 넣어 추어탕을 맛있게 끓여 먹기도 하던 시절이 문득문득 떠오른다.

지금은 조상 대대로 살아온 내가 자란 초가집이 형체마저도 없어진 채 텃밭만 쓸쓸하게 남아 잡초만 무성히 우거진 집터를 보노라면 눈물이 핑 돌기도 한다.

어릴 때 뛰놀던 생각이나 "양주깡 중치박골 누룩지 삐득재먼당 굴뚜양지 수루지미 막독골미창" 옛 생각에 불러 보는 이름이건만 생각만 하여도 눈시울이 뜨거워진다.

옛 시절을 잠깐 회상해 보면. 우리 마을은 여름 장마철에 큰비라도 내리면 뒷동산이 무너질까 봐 대피 소동이 종종 일어났던 곳으로 초가집 스물여덟 가구가 옹기종기 들어선 조그마한 산골 마을이었다.

초가집은 1970년대 새마을 운동 지붕 계량사업으로 슬레이트와 기와지붕으로 대부분 바뀌었다. 우리 집 뒤편으로는 대나무숲이 우거져 포근하고 아늑하며 청마루에 앉아서도 앞산이 훤히 보이는 들녘과 산마루를 함께 감상할 수 있어 마을에서도 가장 전망 좋은 명당 집으로 알려져 있었다.

지금 생각하면 당시 동네 사람들 인심이 참 좋았던 것 같다. 너나없이 순박하고 인정이 많았으며 제사나 생일에는 동네 어르신을 초대하여 식사하는 것이 전례가 되었다. 모두가 일가요 한집안처럼 서로 믿고 도우며 살면서 농번기에는 품앗이를 같이하며 서로 농사일을 돕기도 하였다.

벼농사와 보리농사를 주로 짓던 시절이었는데 가을이 되면 어릴 때 들녘에 벼가 잘 익어 머리를 숙인 누런 황금빛 물결을 볼 수 있었다. 하지만 힘들어 가꾸어 놓은 벼농사가 하루아침에 알맹이는 없고 죽데기만 남는다면 어떻겠는가?

참새 떼들이 모여들어 벼가 익기도 전에 낱알을 까먹는데 특히 그중에서 수백 마리가 떼 지어 몰려와 한번 논에 앉아서 이삭을 까먹기 시작하면 금세 통통하게 익은 벼 이삭은 쭉정이만 남게 된다.

1년 농사는 새들의 공격으로 망치게 된다. 그때쯤이면 여기저기서는 새 쫓는 소리가 요란하게 들려온다.

또한 설날에는 새벽닭이 울고 먼동이 트기도 전에 마을 어르신에게 세배를 드리는 풍속이 있었다. 부촌은 아니었어도 예의를 존중하고 상부상조하며 살아가는 동네 반촌(班村)이었으니까

특히 방학이나 휴일이면 우리는 주로 소를 먹이러 산으로 다니는 것이 어릴 때 일과였다. 소를 몰고 꼴망태를 지고 '삐덕재먼당'에서 고삐를 소의 목에 감아 방목하면 저희끼리 알아서 배불리 풀을 뜯어 먹는다. 우리는 산 위에 올라 놀면서 단대를 캐 먹기도 하고 머루랑 다래랑 산딸기 보리수를 따서 같이 나누어 먹기도 하면서 낮이면 재미있는 시간을 보내기도 하였다. 밤이면 석유 등잔 사랑방에 오순도순 모여앉아 화투 놀이도 하면서 유년기 시절을 보냈다.

이처럼 어렵게 살던 시절 나무로 불을 때어 음식을 하고 겨울이면 마른 나무나 갈비를 긁어다 군불을 지피어 떳떳한 방에서 지낼 수 있었고 먹을 게 없는 집에서는 감자, 고구마, 콩나물로 식은밥을 넣고 국밥을 끓여 양을 늘려 한 끼를 면하기도 하였다. 당시는 배불리 먹는 것이 소원이었다.

또한 사월 초파일쯤에는 마을 아낙네들이 모두 모여 '회치'를 했다. 국수도 말아서 배불리 먹고 막걸리는 여러 말 통에 갖다 놓고 술이 한잔 거나하게 되면 꽹과리와 징을 맞춰 치고 장구와 소고를 들고 흥이 나서 신나게 춤을 추며 놀기도 하면서 그동안 이웃 간에 오해가 있었던 게 있으면 술의 힘을 빌려 사과하고 곡해를 풀기도 하였다.

마을을 한 바퀴 돌면서 어릴 때 많이 다니던 산마루와 들녘을 둘러보노라니 꿈에도 잊을 수 없는 곳이 고향 들녘이요, 산마루요, 강변이라 언제 가보아도 정겹고 그리운 내 고향. 지나고 보니 그때 그 시절이 가장 좋았고 그립다.

일상생활을 바꿔 놓은 '코로나19'

전 세계를 힘들게 만든 코로나19, 최근 델타 변이와 돌파 감염 등 코로나19 확진자가 점점 더 늘어나면서 외출을 꺼리는 사람들도 늘어났다. 어쩔 수 없이 밖을 나가야 하는 날에는 마스크를 쓰고 나가야 하고 공공장소에서 기침만 한 번 하는 것도 다른 사람들의 눈치를 봐야 한다. 확진자 동선이 공개되고 곳곳에 비치된 손 소독제를 몇 번씩 발라도 불안하기만 하다. 코로나19에 대한 공포를 느끼는 사람들이 많아지면서 외부 활동을 줄이는 대신 집에서의 활동을 선호하는 집콕 현상이 사회 전반에 나타나고 있다.

코로나19로 인한 사회적 거리두기 단계가 4단계로 격상되면서 성보경영 고등학교에서 매년 여름방학이면 진행하는 산업현장교육이 올해에는 비대면 원격수업으로 진행되었다.

나는 오프라인으로만 실습 수업을 해 봤지, 온라인으로는 해 본 경험이 없었기에 살짝 걱정이 되었다. 8시에 시작하여 4시에 끝나는 수업이라 여유롭게 1시간 전에 학교에 도착하였다. 여름방학 중이라 교내는 인기척 하나 없이 조용한 가운데 우거진 숲속에서는 지저귀는 새소리만 요란하게 들렸다. 이른 시간이라 실습실 문이 굳게 잠겨 있어 산책도 할 겸 뒤뜰로 가 보았다. 작은 텃밭에는 누군가가 심어 놓은 농작물이 36℃를 넘나드는 찜통 불볕더위에 속수무책으로 말라 타들어 가고 있었다. 언덕 아래 작은 오이 넝쿨에는 예쁜 꽃들이 여기저기 노랗게 피어 있었다. 완성된 요리에 장식하면 아름다울 것 같아 오이꽃 몇 개를 따서 실습실로 가지고 들어왔다. 담당 선생님의 도움을 받아 줌(zoom)을 이용하여 회의 매체를 세팅하고 조리 실습 교육을 시작하였다. 처음 하는 온라인 수업이라 수업 도중 여러 가지 문제점이 많았다. 화면에 질병관리청에서 보낸 안전 안내 문자가 들어오는가 하면 가끔 전화가 걸려오기도 하고 또 3명 이상의 회의에는 40분의 시간제한이 있었다. 40분에서 시간이 더 필요할 때 회의가 종료되면 대기 중인 학생들을 다시 초대해야 하는 등 불편한 점이 꽤 많았다.

특히 주의해야 할 점은 마이크와 카메라가 켜 있는지를 꼭 확인하고 줌을 이용해야 한다는 것이다. 호스트뿐만 아니라 참여자들도 마이크, 카메라, 화면공유, 원격 공유를 할 수 있다.

이론 수업이면 큰 문제가 없지만, 실습수업은 실습하랴 기계 조작하랴 가끔 리듬이 깨질까 학생들의 집중도가 떨어질까 신경이 쓰였다.

일부 학생들이 컴퓨터만 켜놓거나 동영상만 틀어 놓고 딴짓을 하여도 알 수 없기에 수업 관리에도 어려움이 있다. 또한 선생님과 직접 얼굴을 마주 보고 진행하는 대면 소통방식의 수업보다는 질이 많이 떨어질 수 있다는 문제점이 도출되었다.

개별실습이 끝나고 학생들이 완성한 요리를 영상으로 올리면 한 명씩 피드백하곤 하였는데 영상으로 하는 평가는 한계가 있었다.

문제점을 개선하기 위해 수업이 끝나고 몇몇 학생들에게 전화로 모니터링한 결과 비대면의 좋은 점은 첫째, 학교에 안 가서 좋고, 둘째, 누구에게 구속받지 않아 좋고 셋째, 실습한 요리를 자유롭게 시식할 수 있어 좋았다고 하였다. 비대면 수업에서 만족하지 못한 이유로는 첫째, 교수와 학생들 간의 피드백 부족, 둘째, 문제 발생 시 대처 미흡, 셋째, 실습이 실감이 나지 않았고, 넷째, 가정에서 하는 실습이라 재료와 조리기구가 부실하여 실습을 제대로 할 수 없었다는 점이었다.

비대면 수업 진행 시 실습 공간과 환경에 제약 없이 같은 실습환경을 학생들에게 제공하여 대면 수업과 같은 수준의 수업을 제공할 수 있어야 하는데 그렇지 못한 점이 매우 아쉬웠다.

내 삶에서 가장 중요한 것은 무엇인가?

가치관은 내 삶의 기준이 된다. 내가 어떤 사람이 되고 싶은지, 어떤 삶을 살고 싶은지, 나에게 있어서 진정으로 중요한 것이 무엇인지가 나의 가치관이다.

나의 가치관이 내가 삶을 살아가고 어떤 선택 앞의 결정을 내려야 할 때 나의 주관이 되고 생각이 되어 결정을 돕는다. 내 삶의 기준이 명확하면 사실 남들의 의견에 크게 휘둘릴 필요가 없다. 내 인생의 핵심 가치는 무엇인가? 우리가 생각해 봐야 할 중요한 질문이다. 남들에게 멋지게 보이는 가치가 아닌, 전정 나 자신이 중요하게 생각하는 가치들에 대해 적어 볼 필요가 있다.

나의 가치관에 대해 생각해 보는 것이 나에 대한 이해의 시간이 된다. 나를 더 잘 알아 가며 나다움을 찾아가는 과정이기도 하다. 특히 결혼을 앞둔 커플이라면 서로의 가치관에 대해 꼭 이야기해 보는 시간을 가져야 한다. 가치관은 삶을 살아가는 데 어떤 선택의 앞에서 중요한 결정의 기준이 되기에 서로 가치관이 너무 다르면 부딪힐 수밖에 없다. 서로의 가치관에 관해 이야기하면서 같은 방향을 보며 나아갈 수 있는지 대화해 봐야 한다. 그런데 평소에 내가 무엇을 중요하게 생각하는지, 어떻게 살고 싶은지 진지하게 생각해 본 적 없이 목표만 향해 달렸다면 이런 대화의 주제가 어려울 수밖에 없다. 이번 기회에 내가 삶에서 중요하게 생각하는 가치들이 무엇인지 체크해 보자. 분명 의미 있는 시간이 될 것이다.

어디로 가야 할지 모르는 목적지가 없는 배 한 척이 바다에 있다고 생각해 보자. 막상 배를 탔으나 방향을 잡을 수가 없다. 바람이 부는 대로 갈 수밖에 없다. 인생도 마찬가지다. 아무 생각 없이 그냥 하루하루를 살면 그렇게 그냥 시간만 지나가고 나이만 먹는다. 미래에 대한 아무런 계획도 준비도 없고, 그렇다고 현재를 잘 살고 있는 것도 아니라면 일단 지금 잠시 멈추고 내가 무엇을 중요하게 생각하는지, 나의 삶의 기준, 가치관부터 점검해 봐야 한다. 내 삶의 가치관 없이 꿈과 목표를 적어도 가치관이 뚜렷하지 않으면 또 흔들리기 마련이다. 성공만 보고 달리고 목표를 향해 성장해 가고 있는데 마음이 공허하다면 내가 중요하게 생각하는 삶의 가치가 없기 때문이다. 주변에 성공한 사람들이 있다. 세상에서 말하는 성공을 이루고 원하는 위치에 가고 억대 연봉이 되고 경제적으로도 풍요로운데 삶에 대한 의미를 느끼지 못하며 즐거움이나 기쁨과 같은 감정에 대하여 둔감해지고 텅

명인수여식을 마치고 일동 기념촬영

빈 것같이 마음이 공허하다고 말하는 사람도 있다.

왜 그들은 원하는 목표를 달성하고 부자가 되었는데도 허무함을 느꼈을까?

인생의 소중한 가치를 놓치고 있기 때문은 아니었을까?

내가 어떤 사람이 되고 싶은지, 어떤 삶을 살아가고 싶은지, 어떤 가치를 가지고 살고 싶은지, 내 삶의 의미 있는 것들을 추구해 갈 때 우리는 더 나다운 행복을 찾을 수 있지 않을까?

특1급 호텔에 취업하려면

호텔조리사로 취업을 원한다면 국가 공인 조리기능사 자격증 1개 이상을 취득하고 관련 아르바이트 및 호텔조리 경험, 관련 학과졸업 3~4년제 이상의 자격요건을 갖추는 것은 필수이다.

조리기능사 자격증이 실력을 인정하는 자격증이 아닌 필기시험을 이미 보신 분들은 알겠지만, 식품위생 식품영양 원가관리 조리 관련 기본조리 용어 숙지 기초조리 상식을 증명할 만한 것이 자격증이라 다들 너도나도 취득하는 것이다. 조리사 자격증을 많이 가지고 있다고 반드시 실력이 뛰어나다는 것을 증명하는 것은 아니다.

요즘은 요리대회가 국제대회뿐만 아니라 국내에서도 크고 작은 대회가 많아 대회를 나가서 받은 상장들을 이력서에 많이 써 내는 학생들도 있다. 하지만 지방기능경기대회나 전국기능경기대회가 아닌 이상 크게 도움이 되지 않는다. 옛날과 달리 요즘 요리대회는 사설학원이나 전문대학, 일반

대학에서 팀을 만들어 나가면 못해도 동상은 받아 오기 때문에 오히려 잘해서 받는 것이 아닌 학원이나 학교에서 참가했다는 증명에 불과하므로 크게 인정을 받는 것은 아니다. 그러나 여러 대회에 많이 출전해 봄으로써, 현장 경험을 쌓고 나도 할 수 있다는 자신감을 가지는 데 자기 공부는 될 수는 있다.

오히려 수상 실적보다 조리 관련 아르바이트나 해외연수, 호텔이나 레스토랑 실습을 나간 경력이 더 플러스 점수를 받을 수 있다는 점을 알아야 한다.

따라서 이력서를 쓸 때는 자기중심적인 사고보다는 어떤 노력으로 무엇을 얻었고 얻은 것을 호텔에서 어떻게 활용하면 좋을지 쓰는 것이 중요하다.

학창 시절 동아리 활동을 통해 창의력을 발휘한 사건이나 아르바이트를 하면서 위기를 모면한 사건을 적으며 단점을 장점으로 극복한 것을 적어 자기소개서에 표현하는 것 또한 좋은 방법이 될 수 있다.

요리사들의 취미는 무엇일까?

내가 평소에 가장 많이 듣는 질문은 "집에서도 요리합니까?"이다.

요리사들의 취미가 무엇인지 궁금하다면 그들의 휴일을 보면 알 수 있다. 요리사의 취미는 대체로 먹거리와 관련된 일들이 많다. 전국을 순회하면서 맛집 탐방을 하는 조리사가 있는가 하면 주방 기물 도매상이나 백화점 그릇 전시대에서 시간을 보내기도 한다. 나도 조리기구와 요리에 적합한 그릇을 찾으며 한 장소에서, 많은 시간을 보내다 아내와 다툰 적도 여러 차례 있었다. 또한 시간만 나면 나는 남대문 그릇 도매상을 전전하며 마음에 드는 그릇을 수집하는 취미가 일상생활이 되었다. 식당에 갈 때는 예쁘고 특이한 접시를 요리만큼이나 눈여겨보기도 한다. 마음에 드는 것은 접시 밑면을 보고 상표를 확인한 뒤, 나중에라도 꼭 사고야 만다. 요리사들은 '칼 사랑' 또한 유별나다. 군인이 총기를 목숨처럼 아끼듯, 요리사는 칼을 '애인'처럼 아끼며 칼 관리에 철저하다. 특히 전문조리사들은 칼 가는 것만큼은 후배들에게 맡기지 않고 본인이 직접 갈아 쓰는 경우가 많다. 칼이 잘 들어야만 음식 재료가 반듯하게 썰리고 힘이 덜 들기 때문이다.

요리사들은 집에서도 요리할까? 많은 사람이 궁금해하며 자주 물어보는 질문이다. 대부분 조리사는 집에서 음식을 잘하지 않는다. 개그맨들이 집에서 말수가 없다거나 가수들이 노래방에 잘 안 가는 거와 비슷한 맥락이다. 하지만 조리사들이 집에서 요리를 잘하지 않는 것은 단순히 요리가 '하기 싫어서'라기보다는 남을 배려하는 측면이 크다. 좁은 공간의 가정 주방에서 음식을 만들고 나면 뒤처리는 식구들의 몫이기 때문이다. 요리가 하고 싶어 요리하려고 들면 귀찮게 하지 말고 내버려 두라는 경우가 더 많다. 가만히 쉬는 것이 도와주는 일이라고 한다. 요리를 하지 않는 요리사들의 문화는 한국 특유의 문화인지도 모르겠다.

서양에서는 가정에서도 남자들이 요리를 많이 한다.

고생 끝은 있어도 편한 끝은 없더라

나는 학교에서 가끔 학생들에게 이렇게 물어본다.

"너의 장래 꿈은 무엇이냐?"

"예. 제 꿈은 놀면서 사는 것입니다."

그래. 놀면서 한평생 살수만 있다면 얼마나 좋을까 그러나 세상살이는 그렇지 않다. 살아 보면 알겠지만 고생한 끝은 있어도 편한 끝은 없더라. '오늘 걷지 않으면 내일은 뛰어야 한다.' 오늘의 고생이 내일의 행복이더라.

오늘만 생각하고 사는 인생이 가장 불행한 인생일지도 몰라 과거에는 직장에서도 업무 시간에 주어진 일만 처리하면 적당히 먹고살 수 있었다. 물론 과도한 스트레스와 잔업은 필수지만 그럭저럭 은퇴할 때까지 같은 분야에 비슷한 일을 반복해서 처리하기만 하면, 꼬박꼬박 월급 받아 가며 생계는 유지할 수 있었다. 그러나 지금은 노동시장도 판도가 달라졌다. 지금의 아이들이 사회로 진출할 즈음에 평생직장, 철밥통, 월급쟁이라는 말이 사회적으로 통용이 될까? 아마 가능성이 낮을 것이라 본다.

평생직장이란 말은 이미 빛바랜 사진첩이 된 지 오래되었고 공무원을 뜻하는 철밥통이란 말도 후에는 그 의미가 흐릿해지리라 생각한다.

편해질 방법을 궁리하자는 말은 결코 아무것도 하지 말고 가만히 있자는 말이 아니다. '힘든 노력' 대신에 '편한 노력'을 선택하자는 이야기다.

누구나 어릴 때 요령 피우지 말라는 말은 많이 들어 보았을 것이다. 잔머리 굴리지 말고 주어진 일에나 시키는 대로 최선을 다하라는 말을 나도 귀가 따갑도록 들었다. 물론 그 말은 나름대로 의미가 있었다. 그땐 그렇게 해도 남들처럼 살아갈 수 있었으니, 하지만 지금은 과연 그럴까….

고된 노력은 말 그대로 고된 노력일 뿐 목표 달성을 보장하진 않는다. 힘든 노력은 열매를 맺든 맺지 못하든 바람직한 결과를 끌어내지 못한다. 고생은 고생의 씨앗일 뿐이다.

하지만 이제 세상이 많이 달라졌고, 변화는 빠르게 진행 중이며 앞으로는 더 빨라질 예정이다. 조금만 알아보면 더 쉽고 빠르고 정확하게 일을 처리할 수 있는 시대다.

다양한 분야에서도 새로운 기술과 상품들이 쉼 없이 등장한다. 이게 우리의 일을 편하게 하는 건지 더 바쁘게 하는 건지 헷갈릴 정도다. 어찌 되었든 그것들은 분명 일 처리를 획기적으로 쉽고 빠르게 해 준다.

'편하고 쉬운 방법'은 궁리하지 않으면 떠올릴 수 없고, 떠올렸더라도 시도해 보지 않으면 정말로 편한지 알 수 없다, 생각하고 시도하고….

편리함의 궁리는 이 과정의 반복이다.

중요한 건 그것을 활용하는 주체는 결국 인간이라는 점이다. 아무리 좋은 도구가 있어도 그것을 제대로 활용하지 못하면 아무 소용이 없다.

지금보다 더 인공지능이 발달하면 노력만 해 온 사람들은 앞으로 무엇을

전국 연(蓮) 음식 요리대회 시상식 장면

해야 좋을지 알 수 없게 되리라.

기술적인 문제를 인공지능이 해결해 주는 시대에는 '엉뚱한 상상력'이 경쟁력이 될 것이다. 기술은 발전해 봐야 첨단 기술이지만, 상상은 그 모든 것을 뒤엎을 수 있을 것이다.

서브큐 라이브 쇼(SHOW) 요리대회

요리대회 이야기

코로나19로 긴박하게 움직였던 경연 현장의 숨 막힐 한 편의 드라마 같았던 이야기를 해 보고자 한다.

매년 11월이 되면 하반기 꿈나무들의 축제인 전국 요리대회가 서울 aT센터에서 개최된다.

서일문화예술고등학교 산업현장교육을 진행하면서 학교의 권유로 교육생들 대상으로 요리대회에 출전할 선수를 선발하게 되었다. 육류부문 2팀과 삼양사에서 주관하는 라이브 서브큐 토마토소스를 이용한 스파게티 요리경연에 1팀을 출전시키기로 하고 모두 3팀을 선발하여 기술 전수 교육을 시작하였다.

메뉴 구성에서부터 레시피 작성법, 팀워크와 개인별 업무를 분담하고 실전 연습에 매진하면서 부족한 부분은 보완하고 강점은 살려 훈련을 시작하였다. 대회 경험이 전혀 없는 학생들의 첫 출전이라 강훈련에 학생들이 많이 힘들어했지만, 시간이 지날수록 익숙해지면서 자신감을 느끼는 것이 참 대견스러웠다.

경연 며칠 전 주최 측에서 학생들에게 안내 문자를 보냈다. 코로나19 검사를 받고 음성인 사람만 경연장에 입장할 수 있다는 문자메시지를 보냈다는 데도 학생들이 스팸으로 오인하고 모두 삭제해 버렸다고 한다.

그러던 중 담당 선생님으로부터 전날 밤 9시경 카톡에 한 통의 메시지가 들어와 있었다.

고수님 학교에서 우려하는 일이 발생했어요.

2반 학생이 코로나 확진이라 2반 모두 대기해야 하는 상태입니다. 그래서 두 팀이 영향을 받는데 나머지 학생들이 참여할 수 있을지가 문제예요.

음성이 나와도 대기해야 하는 상태입니다.

파스타에 승하랑 메인 부문에 지원이는 집에서 대기해야 하는 상태입니다.

보건 선생님이 보건소 담당자랑 얘기한 결과입니다.

학생이 "샘, 그럼 저희는 어떻게 해야 하나요?"라고 물었다.

"파스타 승하, 메인 지원이 대기상태라 남아 있는 파스타 희건이가 지원 대신, 양갈비 요리는 은조가 승하 대신 서로 보완하여 일단 참가하는 것으로 할 예정인데 주최 측에 문의해서 가능하다고 하면 하려고 합니다.

2반에 방과 후 수업에 참여하지 않은 학생이 걸렸는데 학급 학생들도 걸릴 수 있어서 검사받고 잠복기 동안 대기하라고 합니다."

"그럼 그날 실습장에 있었던 사람들은 모두 코로나 검사를 받아야 하나요?"

"그렇지는 않은 것 같습니다."

일단 출전을 위해서 출발~~!

"여기 주차했으니 10시까지 지하 4층 A8로 와라. 결과 나오면 바로 알려주고."

"예."

"너희 어디야? 참가자 대기실로 와. 샘도 일단 우리 반 학생 양성자로 나와서 검사받으러 가야 하는 상황이다. 이곳이 사람이 많은 곳이라 문제가 될 것 같아 검사받으러 가려고 한다. 작년에 경연한 효주 선배한테 부탁하고 가니 도움받아서 잘하기를 바란다. 짐은 보건 선생님이 4시경 퇴근길에 가져가시는 걸로 하고 아님, 내가 다시 오든가 할 예정이다.

오늘 우리 반 참가자 모두 마스크 벗지 말고 되도록 떨어져 있어야 한다. 같이 먹지 말고."

"유영아, 교수님께서 전화하셨어."

"얘들아, 바로 할 수 있게 준비하고 있어."

"효주가 가져갔어."

"뭘 가져간 거죠?"

"휴대용 가스버너."

"아~ 네. 유영이는 D그룹 1번 테이블, 은채는 3번 테이블 알지? 지하 주차장 1층 A8."

5시경, "이제 경연은 모두 끝났습니다. 경연하느라 모두 고생들 많았다. 시상식하고 있나요?"

"지금 시상식 진행 중이라고 합니다. 아직 호명이 안 돼 우리 학생들은 실망하고 있나 봐요."

"전 혼자 경연장에 들어가지도 못하고 지하 주차장에서 챙겨갈 짐 기다리고 있습니다. 은조야 작년 대회 때 사진 찍은 것 생각나지? 서로서로 찍어 주고 사진 보내 줘~!"

"교수님, 올해는 작년보다 참가자가 더 많아서 경쟁이 치열해요."

"제가 너무 바빠서 학생들을 잘 챙기질 못해서 미안했는데 너무 다행이에요. 감사합니다~!"

잠시 후, "교수님! 우리 학생 파스타 라이브부문 '대상'입니다. 너무 쟁쟁해서 상은 아예 기대도 못 했는데 일단 축하할 일이네요. 제가 현장에 없어서 너무 아쉬워요. 종일 지하 주차장에서 갇혀 있느라. 교수님 너무 잘 가르쳐 주셔서 감사드립니다. 교수님 덕분입니다."

"무엇보다 애가 빠져서 걱정을 너무 많이 했는데 치를 수 있어 다행이었는데 거기다 최고상까지 받게 되어 너무 감사할 뿐이에요. 파스타 부문에 대상이 두 팀이라고 하네요. 교수님께서 메뉴를 참 잘 짜 주신 것 같습니다. 기술도 중요하지만, 대회는 메뉴 구성이 제일 중요하다는 사실을 이번 대회를 통해 다시 한번 알게 되었습니다."

"다른 2팀은 어떻게 되었어요?"

"일단 우리 학교 학생 양갈비와 소 안심 2팀은 모두 탈락했나 봅니다. 금, 은, 동상 다 호명하고 지금 대상만 남았습니다."

"대학생들이 너무 많아서 치열했던 것 같습니다."

잠시 후. "교수님, 두 팀 모두 대상입니다."

"기다린 보람이 있습니다. 파스타까지 모두 3팀이 대상입니다."

"와~! 너무 축하해! 친구들아, 잘했다."

상장과 메달을 목에 걸고 좋아하는 학생들 모습

"다 교수님 덕분입니다."

"파스타 부문 상금은 대상 두 팀 중 먼저 받은 다른 한 팀이 받는 거라고 하네요. 학생들이 대상 받은 것만으로도 감사한데 욕심을 부리게 됩니다."

"대상 받은 파스타 요리 부문 기관장상 받으러 오라고 연락이 왔네요."

"해당 학생은 3시까지 어제 주차장으로 조리복 가지고 갈 테니 지하 1층 벤치에 있어. 더 이르게는 오지 말고, 아마 5시나 되어야 시상식할 거야 음성으로 나와서 오라고는 하지만 잠복기일 수 있으니 절대로 오는 도중 지하철, 버스에서 접촉금지, 말하지 말고 마스크 꼭 착용 잘하고, 될 수 있으면 사람 없는 곳에 있어. 너희끼리도 가까이 모여 이야기하지 말고."

"네, 선생님."

잠시 후. "교수님! 우리 학생들 기관장상으로 서울 시장상과 한국 수산자원 공단 이사장상 받았습니다."

"수고하셨습니다."

"모두 대회 준비하느라 고생 많았고 결과까지 좋으니 최고의 날이네요. 모두 축하하고 교수님도 너무 고생 많으셨습니다. 남은 올 한 해 잘 보내시고 내년에 또 수업을 통해 뵙기를 기대합니다. 감사합니다."

테스 형, 세상이 왜 이래

테스 형 공연 소감

"테스 형, 세상이 왜 이래, 왜 이렇게 힘들어."

며칠 밤을 지새우며 어렵게 구매한 나훈아 '테스 형' 콘서트.

2021년 12월 18일 학수고대 끝에 서울 체조경기장에서 열리는 가황 나훈아 콘서트 공연 날이 밝았다.

TV에서는 연일 올해 들어 가장 추운 날씨 많은 눈까지 내린다는 보도와 달리 정오에 날씨는 쾌청하고 맑았다. 눈이 오리라고는 상상도 못 했다. 그러나 일기예보는 정확히 맞았다.

오후 2시 입장이 시작되자 현장 관계자들은 관람객들을 향해 "마스크 반드시 착용해 주세요!"라고 외치며 방역수칙 준수를 당부했다.

올림픽 체조경기장 앞에는 곳곳에 진행요원들이 배치돼 신분증과 백신 접종 여부, 안심콜 기록을 확인하고 파란 스티커를 하나씩 입장 카드에 붙였다.

확인용 스티커가 한 번 통과할 때마다 1개씩 모두 3개가 붙어 있어야 입장할 수 있을 정도로 공항 출입국장을 방불케 했다.

개막 5분 전 초시계가 째깍째깍 소리를 내서 돌아가더니 전면의 화면에는 요란한 타자기 소리와 함께 콘서트장 안내 멘트가 이어졌고 관객들은 안내 멘트에 따라 열광하며 우레와 같은 박수를 보내는 순간 무대를 가린 붉은 커튼에 씌워진 마스크가 벗겨졌다.

나훈아 공연은 역시 달랐다. 프로페셔널했다.

오후 2시부터 시작해 4시 20분까지 2시간 20분 동안 무려 20여 곡의 주옥같은 노래가 이어졌는데, 75세의 노익장 '테스 형' 나훈아 씨는 단 한 차례도 쉬지 않고 노래와 토크를 혼자서 이어서 갔다. 그 엄청난 체력에 감탄하지 않을 수 없었다. 모든 노래의 한 소절 한 소절마다 정성을 가득 담아 불렀고 그 진정성이 관객들을 감동하게 했다.

〈명자!〉를 부를 때는 나의 어린 시절을 보는 듯한 감정에 가슴이 울컥하고 눈시울이 뜨거워졌다.

"자야 자야 명자야 찾아 샀든 아버지"를 부를 때는 부모님의 생전에 모습이 떠오르기도 했다.

관객들의 오랜 기다림을 위로라도 하듯 '테스 형'은 공연 내내 다양한 볼거리를 제공하며 잠시도 눈을 뗄 수 없도록 현장을 뜨겁게 달구었다.

특히 〈물레방아 도는데〉 무대에서는 1986년 나훈아의 모습이 영상으로 더해져 팬들을 즐겁게 했다. 찢어진 청바지에 분홍색 스웨터를 입은 그는 "우리 식구들, 스태프들에게 '코로나19'로 시끄러운데 여기에 오신 분들은 정말 목숨 걸고 온 분들이다. 마스크를 두 개씩 겹쳐 쓰고."라고 이야기했다. 대답은 한 가지, "우리는 두 번 죽고 보자는 거."라며 "정말 잘하겠다."라고 약속했다.

오랜만에 팬들을 만난 기쁨도 컸지만, 나훈아는 모범을 보여야 한다며 방역수칙을 잘 지키자고 목소리를 높였다.

특히 〈공〉을 부를 때 살다 보면 알게 돼 일러 주지 않아도 내가 가진 것들이 모두 부질없다는 것을 열창할 때와 〈어느 60대 노부부 이야기〉 마지막 구절에 "다시 못 올 그 먼 길을 어찌 혼자 가려 하오, 여보 안녕히 잘 가시오." 노래를 들을 때는 나도 몰래 눈시울이 붉어지고 가슴이 찡하여 눈물이 핑 돌았다.

역시 나훈아 씨는 타고난 시인이자 철학자 가수임이 틀림없었다. 지나온 삶의 애환과 희로애락을 노래에 담아 75세의 나이가 무색할 정도로 뿜어내는 파워와 피를 토할 듯한 한 곡 한 곡마다 최선을 다해 열창하는 가황의 열정은 정말 대단해 보였고 후배 가수들이 이런 콘서트를 많이 보면서 죽어도 무대에서 죽겠다는 저 가황의 정신을 좀 많이 보고 배웠으면 하는 생각이 간절했다. 공연을 마치고 4시 반경 출구를 나왔는데 공연을 보는 시간 동안 얼마나 많은 함박눈이 퍼부었는지 공원과 주차장은 하얗게 눈으로 덮여 있어 또 다른 볼거리를 제공했고 차도 눈 속에 파묻혀 찾기가 힘들 정도였다.

귀가하는 동안 내내 감동의 여운이 남았으며, 인생을 노래한 이, 콘서트를 통하여 내가 걸어온 일대기를 돌아보는 시간이 되면서 많은 것을 보고 느끼고 배우는 의미 있는 시간이었다.

아무것도 아닌 내가
아무나가 아닌 내가 될 수 있을까?

　돌이켜 보면 어릴 때 나는 아무런 희망도, 꿈도 없는 시골 촌뜨기에 불과했다. 오로지 먹고살기 위해 주어진 일에 만족했을 뿐이다. 농촌을 떠나 도시에 살고 싶은 것이 유일한 꿈이었으니까.

　지나간 세월을 돌이켜 보면 단순히 먹고살기 위해 선택한 일이 평생직업이 될 줄이야. 어느 날 특강 시간에 강사님의 말씀이 문득 떠오른다.

　성공한 사람들의 세 가지 공통점은 첫째, 못 배운 사람. 둘째, 가난한 사람. 셋째, 자기가 하는 일에 미친 사람이라고 하였다.

　어떻게 보면 나는 이 세 가지에 모두 해당이 되는 것 같다. 요리사라는 직업을 선택한 후부터는 오로지 요리에 미쳐 밤낮을 모르고 요리책과 씨름하면서 세월 가는 줄 모르게 살아왔다. 지금도 나는 잘할 수 있는 일이라

냉(冷) 요리 심사 장면

곤 요리밖에 없다. 우리 집 서재에 있는 책들은 모두 요리에 대한 서적뿐이다. 학교에 다닐 때 받아 본 상이라곤 정근상과 개근상이 전부인데 요리사 생활을 하면서 정신없이 뛰어다니며 각종 대회에 출전하다 보니 지금 우리 집 구석구석에는 온통 요리에 대한 상장과 메달, 트로피로 가득 차 있다.

항상 내가 강조하는 이야기지만, 좋아하고 즐길 수 있는 일에 미치다 보면 누구나 꿈은 이룰 수 있다고 달성 가능한 목표를 세우고 꿈이 이루어질 때까지 꾸준히 노력하고 도전한다면 누구나 아무것도 아닌 내가 아무나가 아닌 내가 될 수 있지 않을까?

합격! 그 기쁨의 순간

2021년 온 세계가 코로나바이러스로 몸살을 앓고 모든 일상이 전면적으로 무너지거나 중단되고 위축되면서 대한민국산업현장교수 지원사업도 순탄하지만은 않았다. 학교 수업 일정이 수시로 바뀌는가 하면 비대면으로 이루어지는 날이 비일비재하면서 어려움이 가중되고 있었다. 어느 날 카톡 소리와 함께 핸드폰에 메시지 한 통이 들어왔다.

확인 결과 산업현장교수 임기종료 안내문이었다.

2015년 서정대학교를 정년퇴임을 하면서 고용노동부에 처음 위촉되어 활동한 지 올해 6년째 되는 해다.

예견된 일이었지만 가슴이 철렁하였다. PC 앞으로 달려가 메시지를 확인하니 내용은 다음과 같았다.

교수님의 위촉 기간(임기)이 대한민국산업현장교수 운영지침 제10호에 따라 2021년 7월 28일부로 종료됨을 알려 드립니다.

아울러 임기종료 이후에도 대한민국산업현장교수로서 계속 활동을 원하시는 경우 신규모집에 신청할 수 있으며 절차에 따라 선정되신 이후 활동이 가능함을 알려 드립니다.

갑자기 이러한 메시지를 받고 보니 가슴이 철렁하였다. 이제 활동을 접어야 하나 계속해야 하나 갈림길에서 고민 끝에 활동을 계속하기로 마음을 굳혔다. 아직 못다 한 일들이 너무나 많아 이대로 유유자적하면서 세월을 보낸다는 것은 시간 낭비가 아닌가? 40여 년 동안 고생 끝에 터득한 전문 기술을 이대로 방치할 수는 없어, 조리사의 길을 걷고자 하는 어린 꿈나무들과 후배 조리사들에게 현장 경험과 전문 기술을 더 전수하고 싶어, 하고 나는 재도전을 결심하였다.

올해 분야별 모집인원을 보니 15개 분야 33개 세부 직종에 선발인원은 180여 명이었다.

기계 50명. 재료 23명. 화학 11명. 섬유·의복 11명. 전기·전자 22명. 정보통신 21명. 식품 가공 12명. 건설 10명. 디자인·문화콘텐츠 4명. 이·미용 4명. 음식 서비스 4명. 공예 4명. 산업안전 4명. 경영·회계·사무 12명. HRD 12명. 신청접수 기간 21. 10. 12.~10. 22. 18:00까지였다.

그러나 재선정된다는 것은 쉽지 않을 것 같았다. 음식조리 분야에 지원해야 하는데 4명은 주택복권이나 마찬가지였다. 그러나 혹시나 하는 마음에서 용기를 내어 마이스터넷 홈페이지에 회원가입을 하고, 온라인으로 서류를 제출하였다.

11월 26일 드디어 기다리던 합격자 발표 날이 다가왔다.

합격이냐 불합격이냐 하는 긴장된 마음에서 가슴이 설레기 시작하였다. 그러나 오후 4시가 지나도록 무소식이었다. '이제 틀렸구나!' 하고 포기하고 싶었지만, 혹시나 하는 기대감에 포기할 수 없었다. 외출 후 오후 5시경 집 현관문을 들어서면서 스마트폰을 재확인해 보았으나 코로나 안전 안내 문자만 빼곡히 들어와 있었다. '이제 틀렸구나!' 하며 스마트폰을 호주머니에 넣는 순간 한 통의 메시지가 들어오는 것이 아닌가. 두근거리는 가슴을 진정하며 클릭하는 순간 인천본부에서 보낸 메시지였다.

한국산업인력공단입니다.
2021년 대한민국산업현장교수 14기로 선정되었습니다. 축하합니다.

순간 꿈인지 생신지 나는 한동안 어리둥절하며 다시 카톡을 확인하고서야 합격을 확신하였다.

이 나이에 다시 또 6년을 더할 수 있다는 것은 행운 중에 행운이다.

다시 소일거리가 생겼으니 얼마나 다행스럽고 행복한 일인가? 생각만 하여도 가슴이 설렜다.

한 번 하기도 힘든 산업현장교수를 두 번이나 할 수 있다는 것은 축복받은 일이 아닐 수 없다.

위촉장 수여를 위해 12월 6일 행사장인 포포인츠 바이 쉐라톤호텔 대연회장을 향해 출발하였다.

호텔 로비에는 많은 사람이 모여 있었다. 별로 아는 사람은 보이지 않았다. 음식조리 분야에서 4명만 선발하였으니 그럴 수밖에.

분야별 위촉장 수여식을 마치고 내년도 지원사업설명회와 워크숍이 있었다.

흔히 요즈음을 '인생 100세 시대'라고 한다.

그러나 여전히 베이비부머 세대를 중심으로 많은 사람이 노후 생애 설계에 어려움을 겪고 있다. 노후를 어떻게 보내는 것이 잘사는 것인지에 대한 사회적 규범도 아직 확립돼 있지 않을 뿐만 아니라, 정보도 부족하기 때문이다. 하지만 인생 이모작 설계에 관심을 가지고 적극적으로 노력한다면

홍수환 WBA 밴텀급 세계 챔피언과 함께

누구나 성공적인 인생 후반기를 보낼 수 있지 않을까? 준비된 사람에게는 기회가 한 번만 주어지는 것이 아니라 수시로 찾아온다.

살다 보니 인생에 정답은 없더라

인생은 유행가의 한 가사와 같다. "무엇을 찾아왔나 오 나의 인생아, 무엇을 두고 갈까? 이놈의 세상에 이렇게 살아도 저렇게 살아도 결국엔 빈손인 것을. 인생은 멀리서 보면 희극이요 가까이서 보면 비극이더라."

내가 가지 못한 남들의 成功, 富, 幸福이라는 것을 막상 가까이에서 본다면 그들의 부단한 노력, 고생, 남모를 아픔이 있다는 것을 알게 되지 않을까? 그리고 자기 자신의 인생에서도 지금은 힘들고 어렵고, 죽을 것처럼 느껴지지만 세월이 지난 후에는 예전의 그때가 참 행복했었다는 것을 느끼고는 한다. 좋은 일만 기억을 해서인지 모르겠지만 지난 시절을 돌아봤을 때 고생하고, 어렵고, 노력하던 그런 시간이 가장 기억에 남고 그리워진다.

뉴욕 자유의 여신상 앞 선상에서

젊음도 이제 흘러가는 세월 속으로 떠나가 버리고 추억 속에 잠자듯 소식 없는 친구들이 가끔 그리워지는 나이이다. 서럽게 흔들리는 그리움 너머로 보고 싶던 얼굴도 하나둘 사라져 간다.

잠시도 멈출 수 없는 것만 같이 숨 막히도록 바쁘게 살아왔다. 어느새 황혼이 벌써 넘어선 것이 너무나 안타까울 뿐이다.

그토록 뜨거웠던 열정도 온도를 내려놓는다.

삶이란 지나고 보면 너무나 빠르게 지나가는 한순간이기에 남은 세월에 애착이 간다.

피와 땀, 열정으로 일궈 낸 보람

2011년 대한민국 국가유공자

2015년 대한민국산업현장교수 선정. 고용노동부

2002년 대한민국 조리기능장. 한국산업인력공단

2020년 2020 한국을 이끄는 혁신리더로 선정. 고용노동부

2003년 문화관광부 장관 표창. 관광산업발전에 기여한 공로

2012년 보건복지부 장관 표창. 조리기술보급에 기여한 공로

2017년 국회의장상. 대상. 국제요리대회

2015년 시흥 시장상. 금상. 전국 연(蓮) 요리대회

2014년 사회과학연합회장상. 대상. 중국 산둥성 국제요리대회

2013년 보건복지부 장관상. 금상. 산청 세계 약선 요리대회

2012년 호찌민 시장상. 대상. 베트남 호찌민 국제요리대회

2012년 동메달. 파타야시 티 세계해산물 요리대회 국가대항전

2011년 포항 시장상. 경북식품 박람회 향토 요리대회

2011년 대구광역 시장상. 금상. 대구 향토 요리대회

2011년 최우수지도자상. 한국 조리사협회 중앙회

2010년 은메달, 터키 이스탄불 국제요리대회

2010년 서울 시장상. 금상. 전국 신메뉴 개발경연대회

2010년 양구군 군수상. 우수상. 산채 음식 전국 요리경연대회

2009년 한국일보사장상. 금상. 뉴욕 CIA조리학교 세계 한식 요리경연대회

2007년 농림식품부 장관상. 대상. 전국 청양고추 구기자요리대회

2007년 태백 시장상. 금상 태백시 자원봉사활동 체험수기

2005년 한국산업인력공단. 입선작. 제2회 기능 장려 수기 현상공모 전

2004년 은메달. 홍콩 국제요리대회

2003년 보건복지부 장관상. 금상

1981년 한국관광협회중앙회. 장려상. 제7회 전국 서비스 경진대회 얼음
　　조각 부문

40년간 앞만 보고 달려온 조리 외길인생의 인생스토리

주방 접시닦이에서 대학교수가 되기까지

김종옥 지음

꿈을 가져야 성공한다!

주어진 길을 따라가기보다
자기가 하고 싶은 일에 꿈을 가지고
최선을 다하다 보면
반드시 그 꿈은 이룰 수 있다.

좋은땅

부록

요리 보고 조리 보고

chapter 6

나만의 요리비법으로
고객의 입맛을 KO시켜라

조리사가 말하는 조리사란?

뛰어난 조리사가 되려면, 조리칼을 정교하게 다루고 각종 조리도구를 능숙하게 다루는 것은 완벽요리를 위한 기본이다.

아티스트로서의 요리사는 음식에 대한 감각은 물론 맛의 조합, 접시담기와 꾸미기, 전체적인 메뉴 구성까지 모든 아이디어를 끊임없이 고민하고 이를 새롭게 하려면 부단히 노력해야 한다.

요즘 조리사들은 끈기도, 지구력도 없고 노력도 잘하지 않는 것 같다. 옛날처럼 배고파서 요리하던 시대는 끝났다. 요리학원이나 관련 학교만 졸업하면 요리사가 되는 줄 아는 학생들이 있는데 훌륭한 조리사는 끊임없는 자기 수련과 공부가 필요하다. 요리하는 것이 즐겁지 않다면 조리사의 길을 포기하라고 일러 주고 싶다.

조리사의 마음가짐

조리사는 남을 행복하게 해 줄 수 있는 직업이다.

직업정신이 투철한 조리사가 돼라.

항상 공부하는 조리사가 돼라.

연구 정신과 실험 정신이 있는 조리사가 돼라.

대인관계를 잘할 줄 아는 조리사가 돼라.

최고의 조리사가 되려면

마음과 정신이 건강해야 한다.

육체가 건강해야 한다.

기본이 튼튼해야 한다.

기초요리와 응용요리를 잘할 줄 알아야 한다.

조미료와 향신료를 적게 사용하고 식품 본래의 맛을 잘 살려 낼 줄 알아야 한다.

과학적인 요리와 창작요리를 잘할 줄 알아야 한다.

최고의 요리란

맛이 좋아야 한다.

위생적으로 안전해야 한다.

영양 배합이 맞고 소화 흡수가 잘되어야 한다.

최고의 요리를 만들기 위해서는

재료 준비가 완벽해야 한다.

과학적인 조리 방법이 필요하다.

최고의 음식을 만들기 위해서는

재료가 좋아야 한다.

기구가 좋아야 한다.

기술이 좋아야 한다.

요리는 정성이요 예술이다

요리는 조리하는 시간, 조리기구, 만드는 사람의 정성에 따라 맛이 달라진다.

모방은 창조와 혁신의 시작이다.

남이 만든 요리를 많이 먹어 보고 또 많이 만들어 보아야 한다.

요리는 만드는 사람의 마음이요, 얼굴이요, 개성이다.

내가 하는 일에 부단히 노력하고 최선을 다할 때 그 꿈은 반드시 이루어진다. 그러나 최고가 되기보다 최선을 다하는 조리사가 돼라고 조언하고 싶다.

요리연구가란?

요리사 혹은 조리사는 식당에서 전문으로 요리 혹은 조리를 하는 사람을 말한다. 조리사란 국가 공인 조리사 자격증을 소지하고 음식을 만드는 일을 업으로 삼고 직업적으로 요리를 하는 사람을 조리사라 한다.

요리연구가와 요리사는 구분해서 사용해야 한다. 요리연구가는 '연구가'라는 호칭 그대로 신메뉴를 연구하는 일을 하는 사람을 의미한다. 물론 요리사 중에서는 신메뉴를 연구하는 요리사도 많긴 하지만, 요리사임에도 신메뉴 연구는 전혀 않고 말 그대로 순수하게 요리에만 전념하는 요리사도 있고, 반대로 요리는 연구 목적으로만 할 뿐 고객에게 자신이 직접 요리해서 나온 것을 제공하지는 않는 순수한 연구가만 존재하는 경우가 있기 때문이다.

이를테면 군부대에 조리병이 있는데 이들은 순수하게 요리에만 전념할 뿐 이들이 신메뉴를 연구하고 개발하는 건 아니기 때문에 이들을 '요리사'로는 볼 수 있어도 '요리연구가'로 볼 수는 없는 것이 대표적이다. 다만 요리연구가가 되려면 우선 요리를 어떻게 해야 하는지를 알아야 하니 결국은 요리사 과정을 거쳐야만 요리연구가가 될 수 있고, 반대로 요리사도 시작은 요리사였지만 고객을 더 유치하기 위해 새로운 메뉴를 개발해 내는 요리연구가로 전직할 수도 있어서 사실상 같은 직종이나 다름없이 가까운 직종이기는 하다. 호텔에 유명한 셰프들은 남성들이 대부분이지만 유명한 요리연구가들은 여성들이 대부분이다.

요리사는 사람의 건강과 직결될 수 있는 음식을 취급하는 만큼 위생 문제를 크게 신경을 써야만 한다.

미처 판매하지 못하고 남은 식재료의 날짜를 꼼꼼히 구분하여 유통기한이 지나는 식재료를 쓰는 일이 없도록 신경을 써야 하고, 서로 다른 식재료를 같이 보관해서 교차오염이 일어나는 일이 없도록 보관 공간 확보도 신경 써야 한다.

식자재 또한 대량으로 구매해 둬야 많은 손님을 받을 수 있게 되므로 엄청난 양과 무게의 재료들과도 씨름해야 한다. 매일매일 수십, 수백 명분의 식자재가 식당에 납품되므로 이것을 전부 제자리로 옮기는 것도 요리사의 할 일이다.

또한 요리하는 내내 뜨거운 불과 씨름해야 하고, 무거운 조리도구들을 운반해야 하므로 대단한 인내심이 있어야 한다.

이 때문에 가정에서는 주로 여성이 요리를 전담하는 탓에 요리는 여성의 일이라는 편견이 있는 것과 대조적으로 '직업'으로서의 요리사는 남성의 비율이 압도적으로 많다. 물론 여성도 못 하는 것은 아니지만 지금 당장 유명한 셰프들을 국적을 막론하고 떠올려 보면 절대다수가 남성이다. 여성의 근력으로는 요리를 '직업'으로 삼는 게 어렵기 때문이다.

또한 직급에 따라 비율이 다르지만, 요리사는 요리만 하는 것이 아니다. 현장에 따라 다르지만 처음 취직했을 때는 재료 준비에서부터 청소가 대부분이다. 설거지나 기물 정리를 하면서 점점 동선과 위치를 파악하고 눈치껏 조리기술을 익히면, 그때부터 진짜 조리라는 것을 조금 시켜 준다. 이 과정을 이때 못 버티고 나가는 사람들이 수두룩하다.

풋내기에게 주방 잡무를 시키는 이유는, 메인 셰프의 체력을 조금이라도 본요리에 집중시키기 위한 목적도 있지만, 무엇보다 부엌 동선을 파악하라는 이유가 크다.

업무 강도 자체도 고되다. 더울 때 더 덥고, 추울 때 더 추운 직업이 바로 요리사의 직업이다. 여름에 불을 다루어야 하고, 겨울에는 물에 손을 담가야 한다.

주방 환경 역시 위험한 편이다. 불, 칼, 가스, 각종 뜨거운 요리 및 물건, 무거운 주방 기구, 미끄러운 바닥 등의 안전사고 집합지이기 때문에, 자칫하면 대형 사고가 생기기 딱 좋은 환경이다.

이 때문에 여러 요리사가 일하는 식당의 경우 한국뿐만 아니라, 세계적으로 군대 서열 문화가 자리를 잡는 경우가 많다. 시간과 안전을 위해 완벽한 팀워크로 주방을 운영해야 하고, 자그마한 실수가 매우 치명적인 사고로 이어질 수 있기 때문이다

결론적으로 조리사의 직업은 남들 쉴 때 일하고 남들 일할 때 쉴 수 있는 것도 아니다. 요리사가 되고 싶다면 본인이 맛있는 음식을 만들고 연구하는 것이 이런 것들보다 즐겁다고 느껴야만 하며 애초에 이 점을 알고 시작하라고 조언하고 싶다.

공무원식 출퇴근을 원한다면 조리에 대한 미련을 버려라

중요한 건 요리사라는 직업이 겉보기와는 다르게 아주 힘든 직업이다. 하루 10~12시간씩 일하고 종일 서 있어야 하고 칼과 불과 기름을 다뤄 상처도 많이 난다. 끼니를 제때 먹는 건 상상도 할 수 없는 일이고 대부분 하루 1~2끼 먹는다. 아침을 먹느니 잠을 택하는 사람들이 대부분, 그만큼 일이 힘들다. 주말 공휴일 쉬는 건 상상도 못 할 일이고, 명절 때 쉰다면 그나마 다행이다. 나는 명절 때 쉬어 본 적이 이직할 때 그 사이에 쉬어 본 적이 있다. 공부도 많이 해야 하고 포기해야 하는 것들도 많다. 그러나 지금은 근무 조건이 좋아져 옛날과는 많이 달라졌다.

하는 일이 부끄럽다면 당장 집어치워라

자기가 하는 일을 몹시 부끄러워하는 사람들이 있다.

친구 중 한 사람은 대한민국 최고 호텔인 신라호텔에 다녔는데 "나는 우리 집에 요리 서적이라곤 단 한 권도 없어. 내가 요리사라는 사실은 주위에 누구도 몰라. 우리 가족도 몰라."라면서 자랑스럽게 이야기하고 다니는 사람을 봤다. 나는 반문한다. "하는 일이 그렇게 부끄럽고 창피하다면 왜 조리사를 하느냐, 마땅한 일이 없어 어쩔 수 없어 하느냐, 아니면 단순히 생계 수단 목적이냐?" 하며 화를 낸 적이 있다. 물론 생계 수단으로 일을 하는 것도 중요하겠지만 내가 이 일을 해 왜 해야 하는시 또 왜 하고 있는지 자기만의 분명한 철학이 있어야 한다. 그렇지 못한 사람은 발전이 없고 희망이 없다.

요리를 하는 것이 부끄럽고 즐겁지 않다면 과감히 그만두는 편이 낫다고 충고하고 싶다.

5가지 기본모체소스

훌륭한 조리사가 되려면 다음과 같은 조건이 필수적이다.

• 공부하는 조리사가 되자! 월급의 10%는 자기 계발에 투자하라.
• 나도 할 수 있다는 자신감을 가져라! 긍정적인 사고방식을 가져라.

- 큰 꿈을 가져라! 달성 가능한 목표를 설정하고 그 목표가 달성될 때까지 도전하라.
- 좋아하는 일과 잘할 수 있는 일에 전력투구하라.
- 근면 성실하라! 남들보다 10분 먼저 출근하고 남들보다 10분 뒤에 퇴근하라.
- 인간관계를 잘하라! 구성원 간의 상호 협력관계를 잘하라.
- 항상 연구하고 노력하는 사람이 되어라! 왜 내가 이 일을 하고 있는지, 왜 해야 하는지를 항상 생각하라.
- 휴일을 유효 적절히 이용하라! 자기 계발을 위하여.
- 목표를 가져라! 목표가 없는 사람은 발전이 없다.
- 복지부동인 사람이 되지 말라! 아무 일도 하지 않는 사람은 아무 일도 없는 법이다.
- 성공한 사람들에겐 3가지 공통점이 있다. 못 배운 사람, 가난한 사람, 자기 일에 적당히 미친 사람.
- 오늘 걷지 않으면 내일은 뛰어야 한다! 젊어서부터 노년기를 준비하라.
- 창작은 모방에서부터 시작된다! 남들이 만든 요리를 많이 보고 먹어보면서 견문을 넓혀라.
- 연구 정신과 실험 정신을 가져라.
- 창조 정신을 가져라! 남들처럼 일하면 남들보다 달라질 수 없다.
- 가르치면서 배워라! 학습효과가 높다. 남을 가르치는 것보다 더 좋은 공부는 없다.
- 항상 언(言)행을 조심하라.

- 스테미나 관리를 잘하라! 요리사는 오로지 끈기와 체력싸움이다.
- 투철한 직업정신을 가져라! 자기가 하는 일에 최선을 다하는 사람이 되어라.
- 봉사 정신을 가져라! 개인의 이익보다 집단의 이익을 먼저 생각하는 사람이 되어라.
- 스스로 일을 찾아서 하라! 시키는 대로 하면 모든 일이 고통이다.
- 긍정적인 생각을 하자! 결과는 생각하는 대로 달라진다.
- 외국어(영어)는 필수다! 요즘 호텔조리사 채용시험에서 영어는 필수이므로 좀 더 나은 조건에서 요리사 생활을 시작하고 싶다면 외국어 공부를 해라.
- 요리사는 힘으로 일하기보다는 머리로 일해야 한다.
- 최고의 조리사가 되고 싶다면 프랑스 요리를 배워라. 프랑스 요리는 세계 요리의 꽃이다.
- 기본에 충실한 조리사가 되어라! 요리의 기본은 칼질이다. 뿌리가 약한 나무는 넘어지기 쉽다.
- 최고가 되기보다 최선을 다하는 사람이 되어라.

조리사의 역할과 임무

한 사람의 조리사가 모든 음식을 할 수 없듯이 조직이 큰 호텔일수록 일이 분업화되어 있다. 주방장이 메뉴를 개발하면 사진을 찍어 홍보도 하고 요리도 하나의 상품이 된다. 그 상품은 곧 고객과 약속이 되고, 각 파트 요리사들은 지시받은 대로 맡은 바 임무를 다하여 그와 똑같은 음식을 고객께 제공할 의무가 있다. 그렇지 않고 조리사들이 각기 자기 취향대로 음식을 만든다면 조직은 분명 원활하게 돌아가지 않을 것이다. 물론 업장마다 조금씩 차이가 있겠지만 호텔의 프랑스 요리 주방은 대부분 차가운 요리를 전담하는 콜드키친, 뜨거운 요리를 전담하는 핫 키친, 고기와 생선 등을 다루는 부처키친으로 나눌 수 있다. 그리고 각 부서별로 조리사들의 업무가 구분된다.

조리사의 비전

우리나라도 조리사들의 위상이 프랑스처럼 선망의 대상이 될 날이 반드시 올 것이라고 나는 확신한다.

프랑스에서는 조리사가 의사와 대등한 대우를 받는다고 한다.

醫師, 調理士의 '사' 자로 끝난 뒤 글자의 한문을 보면 의사의 사 자는 스승 사(師) 자요 조리사의 사 자는 선비 사(士) 자다. 선비들이 수양을 위해 요리를 하였다는 設처럼 요리사가 얼마나 신선한 직업인지를 알 수 있다.

또한 의사와 조리사는 서로 비슷한 점이 많다. 의사는 칼로써 사람을 살리고 조리사도 칼로써 사람을 살린다는 점과 의사나 약사는 아픈 사람의 병을 고치는 사람이지만 조리사와 영양사는 아프기 전 병을 예방하는 일을 하는 사람으로 의사와 조리사, 간호사와 영양사는 비슷한 점이 참 많다.

'의사의 아버지'라고 불리는 그리스 의학자 히포크라테스는 "음식으로 고치지 못하는 병은 약으로도 고칠 수 없다."라고 하였다.

우리가 먹는 음식은 건강에 약이 될 수가 있지만, 독이 될 수도 있다는 말이다. 식생활만 제대로 실천해도 질병으로부터 자유로울 수 있다.

앞만 보고 달리지 말고, 내 몸을 돌보면서 성공하는 사람들이야말로 진정한 성공자라 말할 수 있다. 배가 고파서 끼니를 때우는 시대는 이미 끝났다. 국민 소득이 향상되면 될수록 사람들은 외식의 즐거움을 찾는다. 의학이 발달해 포만감을 준다든지 모든 영양소를 한 번에 제공하는 알약을 개발한다고 해도 음식을 씹고 넘길 때의 작은 만족은 절대 모방할 수 없다.

과학이 발달해 1초에 수백 개씩 통조림을 만들 수는 있어도 손님 앞에서 각기 다른 취향의 미각을 섬세하게 고려해 신선한 음식을 만들어 내는 것은 조리사가 아닌 누구도 대신할 수 없기 때문이다. 인간은 의식주를 떠나서 단 하루도 살 수 없다. 입어야 하고 먹어야 하고 또 잠을 자야 살 수 있는데 그중에서도 나는 식(食)이 가장 중요하다고 생각한다. 조리사도 의사처럼 최고의 직업인으로 대우받을 날이 머지않았다.

요리는 오로지 끈기와 체력싸움이더라

십 년이면 강산도 변한다는 말이 있는데 나는 40여 년 동안 조리사 생활을 하면서 몇 차례 다른 길을 갈 뻔한 위기를 맞았다.

첫 번째 당면한 위기는 영빈관 입사 후 1년쯤 지나 주방 일이 너무 힘들어 갈등을 겪을 때 일이다.

출근하면 매일같이 반복되는 식사 당번에 주방 기물 닦으랴 산더미처럼 쌓이는 접시 닦으랴 주방 청소하랴 거기에 시간만 나면 선배들의 보조 일 도우랴 몸이 열이라도 부족할 정도로 하루하루 일과는 고달팠다.

새내기 요리사에게 무엇보다도 필요한 것은 체력이다. 온종일 서서 일해 야 하고. 날마다 들어오는 대량의 식자재들을 운반하기 위해 조리기구를 들고 이리 뛰고 저리 뛰며 근무시간 내내 거의 쉴 틈이 없다.

일주일에 한두 번씩 코피를 흘리며 힘든 나날이 이어졌다. 한번은 이직 을 결심하고 3일간 무단결근을 하며 집에서 쉬고 있는데 조리부장께서 동 료 직원을 집으로 보냈다. 대문밖에 택시를 대기시키고 부장님이 잠깐 와 보라 하신다며 같이 가자고 하는 것이 아닌가! 나는 거절할 수 없어 함께 택시를 타고 회사에 도착하여 조리부 사무실에 들어섰다.

조리부장님은 평소와 달리 친절하신 표정으로 1시간여 동안 나를 설득 했고 대화 끝에 못 하겠다는 말이 다시 열심히 해 보겠다는 말로 바뀌었다. 그때 그 부장님의 조언이 아니었더라면 분명 나는 다른 길을 선택했을 것 이다.

그리고 한번은 서두에서도 몇 차례 언급하였지만 예상치 못한 요리학원 실패로 실직 상태가 되었다. 생계가 위협받자 조심스레 직업전환을 생각하 면서 조리사의 길을 접고 운전기능검정원이 되기를 결심하였다. 밤낮없이 기능검정원이 되기 위해 열심히 시험 준비를 하였는데 시험이 무기한 연기 되었다. 조리사 생활을 중도 포기할 또 한 번의 위기를 넘겼다.

당시 기능검정원 시험이 있어 합격이라도 하였다면 지금 내 인생이 어떻 게 되었을까 하는 생각을 종종 해 본다.

이러한 어려움이 닥칠 때마다 내가 경험했던 혹독한 해병대 생활이 나도 모르는 사이에 나 자신을 단련시켰고 강인한 정신력이 바로 나를 위기 때마다 구해 준 요인이 되지 않았나 생각한다.

사회생활은 어떤 지인이나 선배를 만나느냐에 따라 인생이 달라진다는 사실도 시간이 지나면서 알게 되었다.

나는 백인수 조리부장님을 평생 잊을 수가 없다. 내가 성장할 수 있도록 문을 열어 주신 분이라 나에게는 생명의 은인과도 같은 분이며 나의 스승이었다.

인생 선배로서 또 조리사 선배로서 때로는 완고하시면서도 엄격하신 그분을 만났기에 나는 조리사로서 올바르게 성장할 수 있었고 또 많은 어려움을 극복하며 이 자리까지 올 수 있게 되지 않았나 하는 생각을 할 때마다 가슴이 찡하다.

신이 내려준 직장이라는 강원랜드 조리부 직원 다수도 한때는 명예퇴직이라는 달콤한 유혹에 빠져 준비되지 않은 창업의 꿈으로 명퇴를 하고 평생 후회를 하면서 어렵게 세상을 살아가는 동료들을 볼 때 가장 마음 아프기도 하다.

요즘 사람들은 돈을 너무 쉽게 벌려고 한다. 나는 기회 있을 때마다 준비되지 않은 개인사업이나 음식점을 하고 싶다는 사람들에게 이야기한다.

요리하기 힘들다고 대출받아서 프랜차이즈 치킨집 같은 건 내지 마라. 젊어서 몇 년만 고생하면 육순 칠순까지 써먹을 수 있는 기술이 생긴다. 쉬운 일은 몸에 힘이 없을 때 하면 된다. 무엇보다 네가 은퇴할 때쯤에 누군가에게 물려주고 싶은 일을 하라.

조리사의 직업관

문명이 발달하면서 옛날과 오늘날의 의식주 모습이 많이 달라졌다. 의생활에서 옛날에는 한복을 입었지만, 오늘날에는 양복, 셔츠, 스커트 등 다양한 종류의 옷을 입는다. 옛날에는 식생활로 김치, 산나물 등 채소를 주로 먹었지만, 오늘날에는 고기, 채소뿐 아니라 햄버거, 피자, 커피 등과 같은 다양한 음식을 먹을 수 있게 되었다. 옛날에는 주생활이 주로 한옥에서 이루어졌지만, 오늘날에는 양옥이나 아파트에 사는 사람들이 많아졌다.

이렇게 시대의 변천에 따라 우리의 의식주도 많이 달라지고 있다. 허준의 동의보감에 '약선 동원'이란 해설을 보면 음식으로 고칠 수 없는 병은 약으로도 고칠 수 없다고 하였다. 그만큼 음식은 현대 사회에서 중요한 것이다. 유럽의 선진국 중 대표적인 프랑스에서는 반복 얘기하지만, 오래전부터 의사와 요리사가 직업적으로 동등한 대우를 받았다고 한다!

내가 요리를 시작한 1970년대만 하더라도 요리사라는 직업은 가장 천한 직업으로 인식되면서 사회에서도 외면당했었다. 그러나 지금은 경제성장과 함께 외식문화도 많이 발전하여 잘 먹어서 문제가 되는 시대에 국민의 건강과 생명을 책임지는 조리사의 직업이야말로 최고의 직업이라 아니할 수 없다. 나는 조리사를 천직으로 생각한다. 조리사로 일생을 살아가는 것은 안개 자욱한 새벽길을 더듬어 어딘가도 모를 희망봉을 찾아 떠나는 항해와도 같더라.

조리사의 세계에 첫발을 내디디고 끝없는 장정에 도전하여 이론을 정립하고 기술을 습득하며 내가 이루고자 한 초지일관의 꿈도 이제 모두 이루면서 자신과의 약속도 모두 지켰다.

여러분도 나 그랬을 테지만 내가 살아온 인생길에도 힘든 일이 많았다. 기쁘고 행복한 일뿐만 아니라 힘들고 어려운 일들이 오늘의 나를 있게 했다는 것을 다시 한번 깨달았다. 그 모든 삶의 순간을 지나면서 나는 더 강해졌고 삶을 더 사랑하게 되었다. 나 자신을 돌아보면서 삶의 가치와 목적이 무엇인지를 더욱 분명하게 알게 되었다. 나처럼 인생의 후반기를 살아가고 있는, 또는 앞으로 살아가게 될 여러분에게 나의 인생과 꿈을 이야기하면서 조리사의 미래에 더 큰 희망을 품기를 바란다.

완성기를 준비하고 있거나 지금 완성기를 살아가고 있는 사람에게도 자신의 전반기 인생을 차분히 돌아보고 후반기 인생을 설계하는 시간을 꼭 가졌으면 한다.

인생을 살다 보면 시간이 해결해 주지 않는 문제는 없다. 된장이나 간장이 발효되는 것처럼, 가만히 내버려 두어도 와인이 맛있게 숙성되는 것처럼 힘겨웠던 일도 시간이 지나면 모두가 다 해결된다.

내가 찾은 나만의 요리비법

음식의 맛과 온도와의 관계

음식의 맛은 온도가 결정짓는다. 차가운 요리는 차게, 뜨거운 요리는 뜨겁게 이것이 맛의 철칙이다. 각 식품의 요리에는 적당한 온도가 있고 이것이 맛과 중요한 관계가 있다.

설렁탕이나 찌개, 전골 등은 뜨거울 때 감칠맛이 나며 과일주스나 냉면

동치미 팥빙수는 차가워야 제맛이 난다.

우리가 일반적으로 좋아하는 식품, 요리 온도는 체온에서 25℃~30℃ 상하로 어긋나는 것이 있고 차가운 것은 10℃ 전후가 적당한 온도이고 따뜻한 것은 60℃~65℃의 것이 좋아지게 된다.

음식물이 좋아하는 온도는 고정적인 것이 아니고 그때의 기온, 온도에도 영향을 받고 더울 때는 차가운 것이, 반대로 추울 때는 뜨거운 것이 좋아진다. 또 개인차와 그때의 생리 상태에 따라 영향을 강하게 받는다. 예를 들면, 목이 마를 때에는 더욱 차가운 음료가 좋아지는 것을 일상적으로 경험하고 있다.

사람에 따라 맛을 느끼는 정도가 다를 수 있지만 똑같은 음식이 어떤 상태 온도를 유지하느냐에 따라 맛은 천차만별로 달라진다.

과일을 예로 들면 과일이 더운 상태로 있으면 똑같은 과당과 포도당이 약간 덜 단 상태의 맛을 제공하지만 찬 상태로 보관이 되면 단맛이 더 강한 상태의 과당과 포도당으로 바뀌게 되기 때문이다. 과당은 온도에 따라 각기 단맛의 차이를 보여 준다. 따라서 음식을 계절에 비유하면 냉면은 겨울 같아야 하고 밥은 봄 같아야 하고 찌개나 전골은 여름 같아야 하며 나물은 가을 같아야 한다.

우리의 음식은 밥상을 차리면 한 상 그득하게 차려 내는 것이 특징인 데 반하여, 서양 음식과 중국 음식은 코스대로 나온다는 점이 다르다. 이런 차이가 나는 가장 큰 이유는 서양 음식이나 중국 음식은 우리 음식과 다른 방법으로 조리를 하기 때문이다.

우리 음식에 사용되는 기름은 대부분 식물성 기름을 주로 사용한 데 반하여 서양 음식이나 중국 음식에서는 동물성기름을 쓰고 있어 더울 때는 맛이 있지만 식어 버리면 맛이 없어지기 때문에 우리처럼 한 상에 가득 차려 놓을 수가 없다. 동물성기름은 높은 온도일 때는 제맛을 내기 때문에 맛있게 느껴지지만, 음식이 식어 버리면 기름이 액체 형태보다는 고체 형태로 변화되면서 맛이 없게 느껴진다. 따라서 중국 음식은 집으로 배달시켜 먹는 것보다는 귀찮아도 중국집을 방문하여 따뜻한 상태에서 먹는 것이 훨씬 맛있게 먹을 수 있는 비결이다. 온도가 상승함에 따라 단맛에 대한 반응은 증가하며, 짠맛과 쓴맛에 대한 반응은 감소하고 신맛은 온도에 의해서 크게 영향을 받지 않는다.

　뜨거운 음식을 먹고 있을 때는 입에서 짜다고 생각이 안 드는데 그 음식이 식어 가면서 점점 짠맛이 많이 느껴지는 것을 알 수가 있다.

　요리 Tip: 요리를 뜨거운 상태에서 간을 맞출 때는 약간 싱겁게 간을 맞추는 것이 요리의 기본 상식이다.

아뮤즈부쉬(amuse-bouche)

생활의 지혜

홈 쿠킹 양념장은 요리의 기본이다
- 소금 양념장: 파, 마늘, 설탕, 소금, 후추, 참기름
- 간장 양념장(불고기 양념장): 파, 마늘, 간장, 깨소금, 설탕, 참기름, 후추
- 고추장 양념장: 고추장, 파, 마늘, 깨소금, 설탕, 참기름, 후추
- 버섯 양념장(표고버섯, 목이버섯): 간장, 설탕, 참기름
- 생채 양념장: 파, 마늘, 고춧가루, (고추장), 식초, 소금, 후추, 깨소금, 참기름
- 초간장: 간장, 설탕, 식초
- 초고추장: 고추장, 설탕, 식초, (물)
- 약고추장: 고추장, 다진 쇠고기, 설탕, 참기름, 물
- 겨자장(겨자즙): 겨자, 물, 식초, 설탕, 소금, (간장)
- 유장: 간장, 참기름

하루에 소금 10g 미만으로 맛있게 먹는 법
- 식품 자체의 신선한 맛을 살리도록 노력한다.
- 먹음직스러운 색깔이 나도록 조리하여 시각적인 자극을 준다.
- 소금에 절이는 김치, 장아찌 대신 무 초절이와 식초에 절이거나 고춧가루에 무치는 생채 방법을 이용한다.
- 조림 대신 굽거나 찐다.
- 찌개보다 맑은국을 선택한다.
- 짜지 않은 다양한 소스를 이용한다. 식초, 레몬즙, 생강, 후추, 겨자,

파, 마늘, 양파, 고춧가루, 고추냉이(와사비), 인공감미료, 카레 가루 등을 이용하여 매콤, 새콤하게 조리한다. (음식조리 시 양념: 소금, 간장, 고추장, 다시마, 굴 소스 등)

- 나물 및 기타 반찬은 먹기 직전에 간을 하거나 저염 양념장을 만들어 찍어서 먹는다.
- 식물성 기름을 사용한 볶음요리나 참기름, 깨 등을 이용하여 고소한 풍미를 더한다.

다양한 저염 소스 만들기(총 소금 10g) 수준

저염 쌈장 만들기

- 재료: 된장 8g, 고추장 2g, 기호에 맞게 풋고추, 양파, 견과류 다진 것, 참기름, 파, 깨소금, 마늘, 물 소량
- 조리 방법: 된장과 고추장을 섞고 기호에 맞게 다양한 채소와 견과류, 양념을 함께 넣어 섞은 뒤 물을 넣고 농도를 묽게 하여 잘 섞이게 저어준다.

저염 고추장 만들기

- 재료: 고추장 10g, 풀 30g, 마늘, 고춧가루, 인공감미료, 참기름, 깨 등
- 조리 방법: 고추장을 풀과 섞어 농도를 맞추고 기호에 맞게 다양한 양념을 첨가한다. 냉장고에 1~2일 정도 두어 숙성되어야 풀과 고추장이 잘 섞여 맛있게 된다.

저염 간장 만들기
- 재료: 간장 5g, 물(동양 또는 2배 정도의 양), 파, 마늘, 고춧가루, 양파, 식초, 참기름, 겨자 등
- 조리 방법: 간장과 물, 기타 재료들을 기호에 맞게 넣어 맛을 낸다.

식탁매너와 쿠킹 TIP

서양 요리 식사 예절과 포크 나이프 사용법

서양 식당에서 정식 코스가 나오면 어느 쪽이 자기 것인지 헷갈릴 때가 종종 있다.

정식 코스란 전채요리부터 후식 코스를 말한다. 식사 순서에 따라 전채요리(Appetizer) 수프(Soup), 빵(Bread), 주요리(Main Dish), 샐러드(Salad), 후식(Dessert), 커피(Coffee) 순으로 제공되는 것을 정식 코스(Full course)라고 한다.

마주 앉으면 당연히 내 쪽의 것은 구별이 되지만 웨딩홀같이 원탁에 앉으면 어느 쪽의 것으로 가져가야 할지 고민될 때가 누구나 한두 번은 있을 듯하다.

빵 접시는 왼쪽에 놓인 것이 자신의 것이며 오른쪽에 놓인 빵 접시를 잘못 사용하여 서로 당황하는 일이 없도록 해야 한다.

빵은 왼쪽에 있으며 물과 음료 포도주 등은 오른쪽에 있다.

빵을 먹을 때는 포크와 나이프를 사용하지 않으며 빵 전체에 버터를 발라 먹지 말고 한입에 먹을 수 있는 크기로 빵을 잘라 놓고 버터나 잼을 발라

먹는 것이 예의이다.

한식에서는 여러 사람이 식사할 때 요리가 나오기 전에 먼저 먹는 것이 예의에 어긋나는 것으로 여기지만 서양 요리에서는 나오는 순으로 먹기 시작한다.

서양 요리는 뜨거운 요리든 냉요리든 가장 먹기 좋은 온도일 때 가져다 주기 때문에 또한 좌석 배치에 따라 상석부터 제공되기 때문에 따라서 온도가 변하기 전에 먹는 것이 제맛을 즐길 수 있기 때문이다. 요리의 맛은 온도가 결정짓는다.

그러나 5, 6명 이하의 적은 인원이 함께 식사할 때는 요리가 나오는 시간이 그다지 길지 않으므로 조금 기다렸다가 함께 식사하는 것이 좋으며 윗사람의 초대를 받을 때는 윗사람이 포크와 나이프를 잡은 후에 먹기 시작하는 것이 예의이다.

나이프와 포크 사용법

중앙의 접시를 중심으로 나이프와 포크는 각각 오른쪽과 왼쪽에 놓여 있는데 있는 그대로 나이프는 오른손에 포크는 왼손에 잡으면 된다. 코스에 따라 바깥쪽에 있는 것부터 순서대로 사용하면 된다. 중앙 위쪽에 있는 포크와 숟가락 나이프 등은 후식용이다.

식사 중 포도주를 마시거나 하는 등으로 잠시 포크와 나이프를 놓을 때는 접시 양 끝에 걸쳐 놓거나 서로 교차해 놓으며 포크만을 사용하면 접시 위에 엎어 놓는다면 식사 중인 신호다

식사가 끝났을 때는 접시 중앙에 11자로 나이프는 칼날이 자기 쪽을 향하도록 나란히 놓으면 된다.

양갈비구이 크러스트

한국 요리와 서양 요리의 차이점

우리 한국 음식은 상 위에서 마음껏 골라 먹을 수 있도록 모든 음식을 한 상에 차려 내는 '공간전개형'이지만 서양 요리는 전채요리부터 후식까지 코스별로 제공하는 '시간전개형'이다. 그러므로 한꺼번에 밥, 국, 찌개, 찬 등이 나오는 우리나라와 달리 양식은 각 코스로 요리가 나오기 때문에 편식할 염려가 없다. 모든 요리가 코스마다 서로 다른 재료를 사용해 순서대로 조금씩 나오므로 싫더라도 각 영양소를 골고루 섭취하게 된다. 전통 서양 요리 코스는 전채요리로 시작하여 수프 생선 육류 샐러드 후식 음료 등의 순으로 구성되며 빵과 와인은 식사의 처음부터 끝까지 늘 함께한다. 특히 와인은 프랑스 요리에서 빼놓을 수 없는 필수요소이다.

냄비 뚜껑이 요리에 미치는 영향 TIP

　요리가 익숙하지 않은 사람이라면 요리를 할 때 뚜껑을 닫을지 열어야 할지 고민할 때가 많다. 하지만 냄비 뚜껑 원리만 이해하면 음식의 맛이 완전히 달라질 수 있다.

　요리할 때 물이 이동하는 현상, 수분 이동을 생각하면 된다.

　많은 사람은 고기나 생선을 구울 때 기름이 튀어 뚜껑을 닫는다. 하지만 뚜껑을 닫으면 고기에서 나온 수분이 그대로 팬에 남아 있어 고기가 삶은 형태로 구워지기 때문에 고기나 생선은 뚜껑을 열고 수분을 날려 구워야 한다.

　국을 끓일 때는 국은 뚜껑을 닫고 오래 끓일수록 수분 이동이 재료에서 육수로 이루어져 더욱 깊은 맛이 난다.

　갈비찜을 할 때도 갈비찜은 고기 속 안에 있는 콜라겐이 젤라틴으로 변형되는 데 시간이 오래 걸리기 때문에 뚜껑을 닫고 오랜 시간 동안 끓여 줘야 한다.

　그러나 파스타 요리 같은 경우에는 뚜껑을 열고 수분이 날아가도록 소스를 졸이면서 농도를 맞추어야 쫄깃하고 감칠맛이 난다.

　또한 육수를 끓일 때는 뚜껑을 열고 끓인다. 뚜껑을 닫고 센 불에서 끓이면 육수가 탁하게 된다.

접시 꾸미기의 기본요소

조리사들은 요리를 고객들에게 효과적으로 전달하기 위해 접시에 어떤 요리를 어떻게 만들어 담을지 예술적인 요리를 만들기 위한 최고의 방법은 무엇인지 고민하게 된다. 조리기술은 선, 모양, 색깔, 공간, 명암과 같은 시각적 요소를 선택하여 각각의 요소가 지닌 특성을 잘 이해해야 하며 만든 요리를 담고 꾸미기 하는 조리사는 주요리와 부요리, 가니쉬, 소스의 특성을 잘 활용할 줄 알아야 한다.

플레이팅의 기본을 익히고 공부하는 것이 무엇보다 중요하다.
우리가 요리를 플레이팅하기 위해서는 먼저 기본이 갖춰져 있어야 한다.
대상의 형태를 잘 표현하는 기본적인 요소는 선이다. 요리의 형태와 모양, 절감을 다양하게 표현할 수 있으며, 요리를 담기 위한 기초동작을 배우는 나만의 선과 공간을 찾는 출발점이 될 수 있다. 점선은 소스의 한 종류이며 무늬, 패턴을 표현하는 데 활용할 수 있다. 불규칙적이고, 자유로운 점선이 손맛을 더해 더욱더 나만의 작품성을 찾고 개성 있는 나만의 요리를 표출해 낼 수 있다는 것이다.
자신이 만드는 요리는 곧 '나의 몸과 마음의 일부'와 내 요리는 개성이 담긴 요리야, 긍정적인 생각으로 자신 있게 노력한다면, 플레이팅은 얼마든지 쉽고 요리를 만들어 예술적으로 표현한다는 것은 재미있는 일일 것이다. 조리 교육을 통해 기본기를 배우고 경험하면서 그 재미를 조금씩이라도 알아 간다면 요리가 예술이라는 것을 알게 될 것이고 깊이 들어갈수록 더 많은 재미가 나에게 행복한 삶을 영위하는 초석이 될 수 있을 것이다.

개발한 음식을 접시에 예술적으로 담기 위해서는 먼저 백지에 담을 소재를 연필로 스케치하고 그것을 보고 담으면서 수정과 보완을 하는 것이 중요하다. 접시담기와 꾸미기는 음식의 포장이나 다름없다.

전시 플레이팅

음식을 플레이팅(plaiting) 위에 올리는 일

- 접시를 가득 채우지 말 것.
- 중앙에 놓지 말 것.
- 가니쉬 등은 홀수로 놓을 것.
- 배색을 사용할 것.
- 비슷한 형태를 사용하여 접시 위에 테마를 형성할 것.

- 지나치게 많은 종류의 형태를 사용하지 말 것.

- 접시 위가 난잡해지도록 하지 말 것.

- 다양한 식감을 혼합할 것. 이를테면, 바삭함과 크리미함을 조화시킬 것.

- 상반되는 음식 온도를 사용할 것.

- 단색그릇을 사용할 것.

- 높낮이와 여백을 두는 기법으로 담을 것.

- 플레이팅은 점, 선, 면이 중요하다.

　플레이팅할 때 음식 모양이나 음식의 종류에 따라, 또는 그릇의 형태나 색감의 따라 플레이팅의 기법들이 무궁무진해진다.

다양한 채소요리

맛있는 프랑스 요리의 실제

최고 요리사가 되려면 프랑스 요리는 필수다.

세계 요리의 꽃이라고 불리는 프랑스 요리의 특징을 살펴보면 프랑스는 지중해와 대서양에 면하고 있어서 기후가 온화하며 농산물 축산물 수산물이 모두 풍부하여 좋은 재료를 얻을 수 있다.

프랑스 요리의 특징은 소재를 충분히 살리고 있는 합리적이며 고도의 기술을 구사하여 섬세한 맛을 내는 데 있다고 할 수 있다. 맛을 내는 데는 전통적인 포도주, 향신료, 소스가 큰 구실을 한다. 그중에서도 프랑스 제일의 특산물인 포도주는 요리와 매우 밀접한 관계를 맺고 있다. 일반적으로 백포도주는 생선요리에, 적포도주는 육류요리에, 중간색인 분홍색 포도주는 양쪽 요리에 적합하다고 한다. 이 밖에 마시는 목적 이외에 요리의 맛을 돋우기 위한 조미료의 성격도 가지고 있다.

음식에 향을 내는 향신료는 원형의 잎이나 알갱이를 갈아 조리할 때 사용한다. 주로 파슬리의 줄기나 후추 월계수잎, 셀러리 육두구 사프란 등을 사용하는데 이것을 사용하는 것이 미묘한 맛을 자아내는 원인이 되고 있다.

특히 프랑스 요리는 소스를 주로 하여 소재를 맛본다고 해도 과언이 아닐 만큼 소스가 중요한 구실을 하며 많은 종류가 사용된다. 대부분 시판되는 소스를 쓰지 않고 그 요리에 적합한 맛의 소스를 요리 일부로써 그때그때 만들어 사용한다. 이러한 조미료를 요리 종류에 따라 알맞게 골라 구사

함으로써 프랑스 요리의 미묘한 맛을 창출해 낸다.

세계적으로 유명한 요리에는 달팽이 요리인 에스카르고(escargot) 요리, 특수한 조건에서 사육한 거위의 간으로 조리한 푸아그라(Foie gras), 흑갈색의 송로버섯 트러플(truffle), 철갑상어 알(caviar) 등이 있다.

프랑스 요리의 메뉴 구성은 다음과 같다.

오르되브르(hors d'oeuvre)

식전식용 촉진제 역할을 하는 전채요리다.

즉 서양에서는 애피타이저(appetizer)라고 하는데 일정한 코스로 요리를 내놓을 때 주요리가 나오기 전에 내는 소품 요리로써 우선 먹기 좋고 주요리에 균형이 잡히도록 하며 그 자체의 맛 또는 신맛으로 인해 위액의 분비를 촉진하도록 돕는다.

수프(potage)

주요리의 제1코스이다. 콩소메(consomme)는 맑게 끓인 수프를 말하고 포타주는 걸쭉한 수프를 의미한다.

전반적으로 주요리가 무거운 요리일 때는 맑은 수프, 주요리가 가벼운 요리일 때는 걸 북한 수프를 낸다.

생선요리(poisson)

수프 다음에 내놓는 요리이다. 생선, 갑각류, 조개류, 등 여러 가지 재료를 사용하며 식용개구리를 생선요리 코스에서 제공하기도 한다.

앙트레(entree)

앙트레는 만찬 중간에 나오는 요리라는 의미에서 미들 코스라고도 한다. 주로 육류와 가금류를 제공한다.

샐러드(salade, salad)

채소요리는 주로 차갑다. 양상추, 오이, 토마토, 셀러리 등을 사용하며 마요네즈와 비네그레트 계통의 드레싱을 사용한다.

디저트(dessert)

후식이다. 디저트의 종류로는 달콤한 것과 치즈 요리가 주가 된 세보리(savoury), 그리고 바바루아(bavarois), 블랑망제(blancmanger), 샤를로트(charlotte), 무스(mousse) 등의 찬 후식, 베네(beignets), 크레페(crepes), 푸딩, 수플레 등의 더운 후식이 있다. 이외에도 신선한 과일이나 건과, 건포도를 내기도 한다. 세보리는 '한입의 요리'라는 뜻을 담고 있으며 후식 코스는 본격적인 정찬이 아니면 생략하기도 한다.

음료(beverage)

식후 마지막 코스로 음료를 제공하는데 보통은 커피를 제공하지만 때때로 홍차 코코아 등을 더해 손님이 마음대로 선택할 수 있도록 하기도 한다.

프랑스 요리를 세계 요리의 꽃이라고 하지만 우리나라에서는 이탈리아 요리처럼 대중화되지는 못했다. 삶의 질과 경제력이 높아짐에 따라 프랑스 요리가 분명 대중화되는 날이 올 것이라고 나는 확신한다. 경제가 발전하면 할수록 외식문화는 더 발달할 것이고 사람들은 양보다 질을 선호하게 될 것이다.

새우 무스 찜 모자이크

호텔 · 레스토랑에서 만드는 맛있는 프랑스 요리

소 안심 스테이크

• 재료: 소 안심, 카놀라유, 버터, 로즈메리, 마늘, 소금, 후추

팬에 카놀라유 기름을 넣고 연기가 나면 준비한 스테이크를 넣고 양면에 마이야르 반응이 일어나도록 시어링한다.

180℃ 오븐에 넣어 6분 정도 익힌 후 고기를 꺼내서 팬에 옮기고 고기에

풍미를 더해 주기 위해 버터와 로즈메리 마늘을 넣어 베이스팅해 준다. 베이스팅이 끝나면 5분 정도 육즙이 고루 퍼지도록 레스팅한 다음 바질 페스토를 올린다.

당근 퓌레

- 재료: 당근 200g, 방울토마토 80g, 엑스트라 버진 올리브유 약간, 생크림 100㎖

당근은 슬라이스하고 방울토마토는 절반으로 썰어서 단면에 소금과 엑스트라 버진 올리브유를 뿌린다.

냄비에 버터를 넉넉히 넣고 약한 불에서 당근을 15분 정도 볶는다.

방울토마토는 160℃ 오븐에 30분간 굽는다.

당근에 구운 방울토마토를 합치고 생크림을 넣어 끓인 후 믹서에 곱게 갈아 고운 체에 내리고 버터 조각을 넣어 매끄럽고 윤기 나게 한 다음 소금 후추로 조미한다.

라따뚜이

- 재료: 애호박, 가지, 양파, 마늘, 방울토마토

팬에 기름을 두르고 재료 성질에 따라 순서대로 넣어 준다.

양파, 마늘, 토마토, 애호박 순으로 볶다 가지를 넣고 볶은 다음 소금, 후추로 간한다. 기호에 따라 토마토소스와 허브를 넣어서 스튜식으로 조리하기도 한다.

매쉬포테토

- 재료: 감자 400g, 버터 100g, 우유 100g, 소금

1%의 소금물에 감자를 삶아서 고운체에 내린다.

여기에 뜨거운 우유와 버터를 넣고 부드럽게 위퍼로 잘 젓는다. 맛과 질감을 보면서 소금으로 간을 맞춘다.

버터는 감자 무게의 25%를 넣는다. 뜨거운 우유로 원하는 농도를 조절한다.

바질 페스토

- 재료: 시금치잎 10g, 바질잎 5g, 마늘 1쪽, 볶은 잣 5g, 올리브유 15g, 파르미지아노 레지아노 5g, 소금, 후추

시금치와 파슬리는 잎만 따서 시금치는 끓는 물에 살짝 데쳐 식힌 후 물기를 꽉 짠다.

믹스에 시금치 파슬리 마늘 치즈 잣 올리브기름 소금 후추를 넣고 갈아준다.

플레이팅

메인 접시에 채소요리(라따뚜이, 매시포테토, 당근 퓌레)와 스테이크를 보기 좋게 담고 소스를 곁들여 식탁에 올린다.

감자 당근 퓌레와 라따뚜이를 곁들인 소 안심구이

가정에서 간단히 스테이크 소스 만드는 법

스테이크를 굽고 난 팬을 그대로 이용해서 기름을 버리고 적포도주를 넣어 한 번 끓여서 알코올 성분이 증발하면 메기 데미 그레이스 믹스와 물을 넣고 끓인다. 소스의 농도가 어느 정도 걸쭉해지면 버터 조각을 넣어 소스의 윤기와 풍미를 더해 준다. 이 과정을 프랑스에서는 버터몽테라고 한다. 버터몽테를 할 때는 불을 끈 채로 버터 조각을 조금씩 넣어 주는 것이 중요하다. 그래야만 버터와 소스가 분리되지 않는다. 기호에 따라 허브를 다져서 넣기도 한다.

- 요리 Tip: 가정에서 브라운소스를 끓이려면 루(roux)를 볶아야 하는 번거로움이 많은데 '메기 데미 그레이스 믹스' 복합 조미식품을 인터넷으로 구입하면 가정에서도 만능요리에 다양하게 활용할 수 있다.
- 메기 데미그레이스믹스: 물 1ℓ에 파우더 100g을 넣어서 풀어 사용한다.
- 용도: 소, 돼지, 닭, 오리, 양고기 등

초보자를 위한 가정용 돈가스 소스 만드는 법

- 재료: 밀가루 2큰술, 버터 또는 식용유 2큰술, 물 1컵, 설탕 ½큰술, 토마토케첩 2큰술, 간장 또는 우스터소스 2큰술, 식초 1큰술, 치킨파우더 약간
- 조리 방법: 밀가루와 버터 또는 식용유를 동량으로 갈색이 나도록 볶는다. 여기에 모든 재료를 분량대로 넣고 한 번 끓인다. 고운체에 걸러

소 안심 스테이크와 적포도주 소스

서 사용한다.

- 요리 포인트: 밀가루와 버터를 동량으로 볶는 것을 서양 요리에서는 루(roux)라 하는데 루를 볶을 때는 약한 불로 천천히 볶는 것이 중요하다. 그렇게 볶아야 구수한 맛이 난다.
- 용도: 돈가스, 오므라이스, 각종 스테이크 소스에 사용.

연어 백포도주 찜

- 재료: 연어 필레, 백포도주, 생선 스톡, 버터, 양파, 당근, 마늘, 양송이 버섯 월계수 잎, 생크림, 레몬, 소금, 후추
- 조리 방법:

  1. 연어는 손질하여 포를 뜬 다음 적당한 크기로 잘라서 소금과 후추로 조미한다.

  2. 냄비 바닥에 버터를 바르고 다진 샬럿(대용 양파)과 얇게 썬 송이버섯을 뿌린다.

  3. 연어를 넣고 백포도주와 생선 육수를 첨가한다.

  4. 기름종이나 호일에 버터 칠을 하여 생선을 덮고 뚜껑을 덮은 다음, 6분 정도 익힌다.

생선 스톡(fumet de poisson)

포를 뜨고 남은 뼈는 잘게 토막을 내 적당한 용기에 담아 흐르는 물에 담가 둔다.

일반적으로 1ℓ의 생선 스톡을 만들기 위해서는 생선 뼈 600g에 물 1ℓ와 백포도주 100mL가 적당량이며, 이용되는 재료로는 샬롯, 양파, 당근, 송이 버섯, 부케 가르니 등이 있다.

적당한 용기에 버터를 넣어 열을 가한 후 샬롯, 양파, 당근을 썰어서 넣고 색깔을 내지 말고 볶는다.

여기에 핏물을 뺀 생선 뼈를 첨가하고 저으면서 숨을 죽인 후 내용물을 덮고도 1~2cm 정도가 남도록 찬물을 첨가한다.

버섯조각과 부케가르니를 첨가하고 약한 불에서 약 30분간 끓인 뒤 위에 뜨는 기름과 거품을 제거하고 체에 걸러 시켜서 사용한다.

소스(sauce) 만들기

조리가 끝나면 포치한 생선은 들어내 따뜻하게 보관하고 익힌 국물에 생선 육수를 첨가하고 3/4으로 졸인 후 생크림을 넣고 다시 한번 소스의 농도가 될 때까지 졸인다.

완성직전 버터 조각을 조금씩 넣으면서 소스를 진하게 하고 소금 후추 레몬즙으로 맛을 돋운다.

• 조리 point: 소스를 만드는 과정에서 약간의 생선 벨루티와 혼란 데이즈 소스를 넣어 버터와 크림의 양을 줄일 수 있다.

플레이팅, 접시 담기와 꾸미기

일품요리일 경우 더운 채소요리와 함께 연어 백포도주 찜을 담고 소스를 곁들여 식탁에 올린다.

연어 백포도주 찜과 화이트와인소스

생선 무스 찜 요리

• 재료: 생선살(광어, 연어, 새우, 관자), 생크림, 달걀흰자, 백포도주, 카
엔페퍼, 레몬, 소금, 후추

• 조리 방법:

1. 생선은 포 떠서 살만 잘게 썰어 소금 후추 카엔페퍼로 조미한 후 믹
서에 넣고 곱게 간다.

2. ①번이 곱게 갈아지면 달걀흰자와 생크림을 넣고 나무 주걱으로 잘
치댄다.

3. ②번을 고운체에 걸러 거친 것들을 골라낸다.

4. ③번을 다른 그릇에 옮겨 담는다.

5. ④번의 내용물이 담긴 그릇보다 더 큰 그릇에 얼음을 깨 넣고 그 위에 올려놓는다.

6. ⑤번의 내용물이 담긴 그릇을 손으로 잡고 생크림을 조금씩 넣으면서 나무 주걱으로 거품이 나도록 친다.

7. ⑥번의 내용물이 가볍게 부풀어 올랐다고 생각되면 섞는 동작을 멈춘다.

8. ⑦번의 물이 묻은 천으로 덮어 얼음 담긴 그릇에 넣어 냉장고에 보관한다.

9. ⑧번을 적당한 용기의 안쪽에 버터를 바른 다음 밀가루를 묻힌 뒤 과다하게 붙어 있는 밀가루를 털어내고 내용물을 담아 중탕으로 약 25분 정도 익힌 후 몰드에서 꺼내 그릇에 담는다.

10. ⑨번을 더운 채소요리와 함께 접시에 담고 뱅블랑소스(vin blanc sauce)를 끼얹어 마무리한다.

프랑스식 생선무스찜 요리

* 무스에 시금치 엽록소나 사프란을 넣어 색깔을 내기도 한다.

11. 접시에 더운 채소요리와 함께 담고 뱅블랑소스를 곁들인다.

달걀 시간대별 익힘 정도와 맛의 변화 실험

초보자를 위한 달걀 삶는 법

냉장고 달걀은 1시간 전에 실온에 꺼내 둔다. 바로 꺼내 삶으면 터질 수 있기 때문이다.

냄비에 물을 넣고 끓여 준다. 물이 끓기 시작하면 식초 1스푼 소금 1/2스푼 넣어 준다. 소금은 달걀껍데기가 잘 깨지도록 하고 식초는 흰자의 단백질을 빠르게 응고시켜 주는 데 도움이 된다.

달걀을 넣고 1분간 한 방향으로 저어 주면 달걀노른자가 중앙에 고정되어 이쁘게 삶아진다. 실험하기 위해 시간대별로 삶은 달걀을 냉수에 넣어 빠르게 열을 식혀 주어 더 익는 것을 방지한다. 완전히 식으면 곧바로 들어낸다. 오래 담가 두면 껍질이 잘 벗겨지지 않을 수도 있다. 물이 끓어오르는 시간은 물의 양과 불의 강도에 따라 다르겠지만 보통 10분 정도 걸린다.

실험 결과

끓는 물에 넣어서 삶을 때는 6~7분이면 가장 먹기 좋고 소화가 잘되는 반숙이 된다.

찬물에서 삶을 때는 완숙까지 16분 정도, 끓는 물에서 삶을 때는 완숙까지 14분 정도 걸린다.

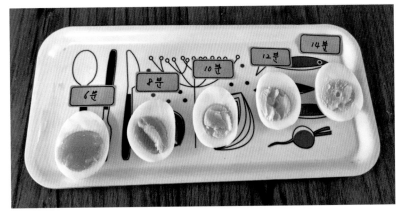

시간대별 익힘 정도

안심스테이크 팬 시어링으로 맛있게 굽는 요령

맛있는 스테이크의 기준은 겉은 갈색을 띠고 단면은 고른 선홍빛을 띤 상태인데 이런 스테이크를 완성하기 위해서는 굽는 요령뿐만 아니라 고기 고르는 법에서부터 시즈닝 준비, 맛있게 굽는 법, 레스팅까지 신경을 써야 한다.

스테이크 굽기 정도는 보통 고기가 가지고 있는 지방함량에 따라 다른데 지방함량이 많은 등심이면 미디엄, 지방이 적은 안심의 경우에는 미디엄 레어로 굽는 것이 바람직하다.

미디움 이상보다 미디움 이하가 더 맛이 있다. 육즙을 잃은 고기는 더 질겨질 수밖에 없다.

고기의 내부온도가 60℃가 넘어가면 단백질이 급속도로 변화하면서 수분 손실 속도가 3배로 증가한다는 연구 결과가 있다.

60℃가 굽기 정도를 결정하는 기준이 되는데 미디엄은 내부온도가 59℃에서 62℃ 사이 미디엄레어는 56℃~58℃를 말한다. 스테이크로 적당한 고기의 뚜께는 안심의 경우 3㎝~5㎝, 등심이면 지방이 많아 3㎝가 적당하다.

스테이크 굽는 방법

스테이크에 소금을 골고루 뿌리고 삼투압 현상이 일어나도록 약 30~40분간 둔다. 소금은 정제염이 좋다.

삼투압 현상으로 인해 고기 표면에 올라온 수분은 종이행주로 잘 닦아 준다.

팬은 가능한 코팅 팬보다 스테인리스 팬이 좋다. 고기의 마이야르 반응이 빨리 일어나기 때문이다.

예열된 팬에 기름을 붓고 연기가 날 때까지 달궈 준다. 이때 사용할 기름은 냄새가 없는 카놀라유 기름을 사용하는 것이 좋다.

기름에서 연기가 살짝 올라오면 고기를 넣는데 이때 '칙' 하는 소리가 나아한다. 팬에서 고기의 중간 부분이 뜨면 집게로 살짝 눌러서 마이야르 반응이 골고루 표면 전체에 일어나도록 30초에 한 번씩 뒤집어 가며 구워 준다.

레스딩을 위해 불을 꺼주고 버터와 로즈메리, 타임, 마늘을 넣고 기름을 끼얹으며 풍미를 돋우어 준다.

미디움 상태가 되면 팬에서 들어내 쿠킹포일로 싸서 잠간 레스팅한다.

잘 레스팅된 고기는 잘랐을 때 육즙이 빠지지 않고 핏물도 나오지 않으며 최상의 맛을 낸다.

완성된 스테이크를 채소요리와 함께 접시에 담고 소스를 곁들이면 호텔에서와 같은 맛을 느낄 수 있는 훌륭한 일품요리가 된다.

롯데월드타워 형체로 플레이팅한 소 안심 스테이크

• Tip: 스테이크를 굽고 흘러나온 육즙에 마늘과 양파를 다져서 넣고 볶은 후 포트와인을 넣어 졸인다. 원하는 농도가 되면 고운 체에 걸러서 버터 조각을 넣고 풍미를 돋운 후 소금 후추로 조미하여 스테이크 소스로 사용한다.

요점정리

지방함량에 따라 적당한 두께의 고기를 선택한다.

지방이 적은 것은 4~5㎝ 지방이 많은 것은 3㎝ 두께가 적당하다.

스테이크 굽기 40분 전에 정제염으로 간을 한다.

고기 표면 자체에 마이야르 현상이 일어나도록 골고루 굽는다.

* 마이야르 반응이란 고기 표면이 갈색으로 변하는 현상이다.

육즙이 고기 전체에 퍼지도록 레스팅은 필수.

퍽퍽한 닭가슴살 완전 촉촉하게 요리하는 법

닭고기 어떻게 하면 촉촉하게 구울 수 있을까?

준비하기

생닭을 깨끗이 씻어서 가슴살을 분리한다.

분리 후 뒤집으면 안심이 있는데 이 부위가 치킨텐더라고 하는 안심 부위다.

닭가슴살은 가운데 부분이 양사이드 부분에 비해서 두꺼우므로 살을 펴 주기 위해서 비닐을 덮고 방망이나 스테이크 망치 같은 것으로 가운데에서 바깥쪽으로 두드리면 스테이크처럼 일정한 두께가 된다.

여기에 소금으로 시즈닝을 한다. 껍질 쪽에 소금을 뿌리는 것보다 껍질 안쪽에 소금을 뿌려 주면 간이 더 잘 밴다.

시즈닝이 끝나고 니면 스테이크처럼 냉장고에 40분간 둔다.

조리하기

코팅 팬에 기름 1스푼을 두르고 강한 불에서 연기가 나면 불을 최대한 줄이고 기름을 1작은술 더 넣으면 온도가 떨어진다.

이 상태에서 껍질을 바닥 쪽으로 넣어 주고 바로 뚜껑을 덮은 후 불을 최대한 줄여서 4분 정도 구운 다음 불 끄고 뒤집어서 아랫면을 1분 정도만 더 익혀 준 후 팬에서 꺼낸다.

꺼낸 후에도 내부온도가 올라가는 동안 레스팅이 진행된다. 이렇게 온도가 계속 올라가고 있을 때 고기를 자르면 육즙이 빠지고 수분 손실이 커지기 때문에 잠시 레스팅해 주어야 한다.

레스팅이 끝나면 썰어서 더운 채소요리와 적당한 소스를 곁들여 접시에 담아낸다.

닭가슴살구이와 복분자 소스

촉촉하게 굽는 꿀팁

팬프라이 하기.

닭가슴살에 소금 후추로 조미한다.

팬에 기름 두르고 열이 올라오면 닭가슴살 껍질 쪽을 먼저 넣고 윗면 아랫

면을 두 번 정도 뒤집으며 크기에 따라 차이는 있겠지만 4분 정도 굽는다.

　포인트, 여기에 물을 한 숟가락 뿌려 주고 바로 뚜껑을 덮으면 스팀 오븐 효과를 주면서 온도가 팍 올라가기 때문에 조리 시간을 단축해 주면서 촉촉하게 익혀 준다. 물을 넣고 약 1분 정도 익혀 주면 완성.

아이스크림 튀김

- 재료: 바닐라 아이스크림, 큰 레커, 달걀흰자, 설탕, 튀김기름.
- 준비과정: 아이스크림은 스쿠프로 퍼서 비닐이나 랩으로 단단히 뭉쳐 4시간 정도 냉동해 둔다.
- 조리 방법:
  1. 크래커는 믹서기나 굵은 체에 내려 가루를 만든다.
  2. 설탕과 물을 동량으로 끓여서 시럽을 만든다.
  3. 달걀흰자는 거품기로 휘핑한다.
  4. 달걀흰자에 설탕 시럽을 넣어서 잘 섞는다.
  5. 냉동고에 보관해 둔 아이스크림을 꺼내 머랭을 묻히고 크래커 가루를 입혀서 랩 또는 비닐에 다시 한번 단단하게 뭉쳐서 냉동시켜 둔다.
  6. 단단하게 얼어 있는 아이스크림을 165℃ 기름에 넣어 재빨리 튀긴다.
  7. 디저트 접시에 후르츠 칵테일과 튀긴 아이스크림을 담고 장식한다. 차갑고 따뜻한 맛이 조화를 이룬 환상적인 아이스크림 튀김 디저트가 된다.
- 조리 포인트: 기름 온도가 높으면 튀김옷이 타버리고 온도가 낮으면 기름에서 녹아 버린다. 타이밍이 중요하다.

아이스크림 튀김과 후르츠칵테일

간단한 이태리식 리조또 요리

- 재료: 쌀, 양파, 마늘, 양송이버섯, 올리브기름, 버터, 백포도주, 그라나
  파다노치즈, 생크림, 소금, 후추.
- 조리 방법:

  1. 양파와 마늘 버섯은 잘게 썬다.

  2. 치킨스톡을 준비한다. 물 1ℓ에 액상 치킨스톡 또는 파우더 1큰술.

  3. 쌀은 살짝만 씻는다. 크리미한 리조또를 만들기 위해서는 쌀을 많
  이 씻지 말아야 한다.

  4. 정통 이태리식으로 하려면 아르보리오, 또는 카나롤리 쌀을 써야 한다.

  5. 재료 준비가 되면 냄비에 올리브기름 두르고 양파 마늘 버섯을 넣고
  볶다 쌀을 1인분에 한 줌 정도 넣고 투명하게 잘 볶아 준 다음 백포도주

를 넣는다. 알코올 성분이 날아가고 나면 치킨스톡을 매분 조금씩 첨가
하면서 한 번씩 저어 준다. 쌀이 크리미해질 때까지 저어 준다. 우리나
라 죽처럼 됐다 싶으면 불을 끄고 버터 한 조각과 그라나 파다노치즈를
한 줌 갈아서 넣고 잘 섞어 준다. 다됐으면 뚜껑을 덮고 레스팅한다.
6. 접시에 더운 채소요리와 함께 리조또를 보기 좋게 담고 버섯 알라
크림을 올려 준다.
7. 마지막으로 치즈를 살짝 갈아서 뿌려 준다.

버섯 알라 크림

버섯을 잘게 썰어서 다진 마늘 양파와 함께 볶다 생크림을 넣고 졸인 후
소금 후추로 조미한다.

이태리식 리조또

초보자를 위한 파스타 조리법

파스타 요리의 가장 기본이 되는 알리오 올리오 파스타 조리법이다.

마늘을 편 썰거나 다진 것을 올리브유에 약한 불로 천천히 볶아 향을 우려내고, 여기에 면수를 더해 유화시킨 소스를 면에 버무려 낸 파스타 요리.

- 재료: 파스타면 1인분 80g, 엑스트라버진 올리브유 3큰술, 마늘 5~6쪽, 페페론치노 1개, 그라나 파다노 치즈, 소금, 후추
- 조리 방법:

파스타를 삶을 때는 항상 파스타가 잠길 만한 크기의 큰 냄비를 준비한다. 그리고 물을 끓여 준다. 파스타 삶는 물은 소금간이 필수다. 기본적인 규칙은 물 1리터당 천일염 10g의 비율이다.

대부분 파스타는 포장지를 보면 11분 / 13분으로 적혀 있는데 11분은 알 단테 13분은 완전히 익는 조리 시간이다. 물이 끓으면 파스타를 넣고 알 단테 조리 시간이 11분이므로 약 7~8분간 삶고 나머지 3~4분은 팬에서 소스와 함께 마무리한다.

이 작업을 통해 파스타와 소스가 잘 코팅이 되도록 할 수 있다. 먼저 팬을 약물에 올리고 엑스트라 번진 올리브유를 적당히 넣는다. 기름은 물보다 적어야 유화가 잘 이루어진다.

편 또는 다진 마늘을 한 숟가락 정도 넣는다. 다진 마늘이 편으로썬 마늘보다 향이 잘난다. 페페론치노를 잘게 다진다. 마늘이 갈색으로 변하기 시작하면 향이 변하니 주의해야 한다. 면수와 육수를 반반씩 한

국자 넣어 준다. 면수만 사용하면 짜게 될 수 있다.

삶은 면을 넣고 불을 중간 불에서 센 불 사이로 두고 가열한다. 약 3분
간 가열하면서 자주 젓지 말고 한 번씩 섞어 주면서 전분이 잘 유출되
도록 한다. 완성 직전에 바질을 넣어 향을 내준다. 불을 약하게 줄여
팬을 돌리면서 소스를 유화시켜 파스타에 흡착시킨다. 완성되면 접시
에 파스타를 담고 취향에 따라서 그라나 파다노 치즈 가루를 뿌려서
식탁에 올린다.

• 요리 Tip: 마늘은 최대한 약한 불에서 색깔이 나도록 천천히 볶는 것이
중요하다.

야채를 곁들인 마늘, 올리브유 파스타

양배추샐러드와 간장 벌꿀 소스

요리를 처음 시작하는 분들을 위한 칼질 연습법

먼저 올바른 칼 사용법을 숙지한 후 양배추 썰기부터 시작해 보라.

하루에 한 포기 써는 연습보다 한 포기를 일주일간 써는 연습이 효과적이다.

썬 양배추는 버리지 말고 깨끗이 씻어서 샐러드를 만들어 드레싱과 함께 식탁에 올리면 낭비 없이 도랑 치고 가재 잡는 식이 된다.

간장 벌꿀 소스

- 재료: 간장 1컵, 2배 식초 1컵, 소주 1컵, 벌꿀 1컵, 레몬 1개, 전분 1큰 술
- 조리 방법:

준비한 재료를 냄비에 담고 5분 정도 끓인 후 위에 뜨는 거품을 깨끗이 걷어낸다. 전분으로 농도를 조절한다.

여기에 레몬즙을 1개 정도 짜 넣고 껍질을 담가서 유리병에 담아 냉장고에 보관하여 사용한다. 배 또는 파인애플을 한 조각 정도 갈아 넣으면 더 상큼한 맛을 느낄 수 있다.

이때 식초는 산미가 강한 2배 식초를 반드시 사용한다.

양배추샐러드와 상큼한 간장 벌꿀 소스

홈 쿠킹, 마늘장아찌 황금 레시피

마늘 손질법

마늘은 껍질을 벗기고 뿌리 부분을 약간 잘라낸다. 독성이 있으므로, 그러나 너무 깊이 잘라 내면 진액이 나와 초물이 탁하게 된다.

담을 병은 미리 열탕소독해 둔다.

촛물 만들기 1병 분량

진간장 200mL 1컵, 매실청 1컵, 소주 1컵, 식초 1컵, 까나리액젓 1큰술, 비정제 원당 또는 설탕 2/3컵을 넣고 끓인다. 끓으면 거품을 거둬 주고 3분 정도 끓여 준 다음 불을 끄고 식힌다.

병에 준비해 둔 마늘을 담고 촛물을 부어 준다. 마늘이 떠오르지 않도록 하고 뚜껑을 닫아 밀봉해서 그늘진 곳에 그대로 둔다.

　일주일 정도 지난 후 촛물을 따라서 끓여 다시 부어 주면 변질 없이 반찬으로 연중 맛있게 먹을 수 있다.

마늘장아찌

압력밥솥을 이용한 초간단 건강식 단호박 빵 만들기

- 재료: 단호박(중) 1/2개, 통밀가루 4컵, 달걀 6개, 올리브유 1컵, 소금 2
  꼬집, 베이킹파우더 2큰술, 설탕 1컵, 생막걸리 1/2컵
- 조리 방법:
  잘 익은 단호박을 준비하여 껍질과 씨를 제거하고 잘게 썬다.
  볼에 단호박, 달걀, 올리브유, 설탕, 소금을 넣고 믹서에 곱게 간다.
  여기에 밀가루와 베이킹파우더를 체에 쳐서 넣고 고무 주걱으로 가볍게 섞는다. 생막걸리로 농도를 조절한다.

압력밥솥에 식용유를 바르고 반죽을 붓고 만능 찜으로 35분 맞춘 후 취사 버튼을 눌러 빵을 굽기 시작한다.

젓가락으로 찔러서 묻어나는 것이 없으면 잘 익은 것이다.

건강식 단호박 빵 완성

수비드 공법

알기 쉬운 수비드 공법

최근 수비드 요리에 관한 관심이 높아지는 만큼 수비드 조리법을 활용한 다양한 레시피가 공개되고 있다. 또 누구나 가정에서 더 쉽게 수비드 요리를 즐길 수 있도록 전용 장비가 나오고 있어 기본조리법만 알면 가정에서도 간편하게 맛있는 수비드 요리를 만들 수 있다.

수비드(sous vide)란?

프랑스어로 진공상태라는 뜻이며 위생 비닐 팩에 재료를 넣고 진공으로 포장하여 미지근한 물속에 오랫동안 데우는 저온 장시간 조리법인데 정확한 물의 온도를 유지한 채 길게는 72시간 동안 음식물을 데운다. 물의 온도는 재료에 따라 다르다.

수비드(sous vide) 요리의 온도

왜 수비드 요리는 물을 이용하는가? 물은 스팀이나 공기보다 훨씬 더 효율적으로 열을 전도하는데 제어하기도 더 쉽다. 열전도의 차이는 손을 섭씨 63℃ 화씨 145℃ 오븐대 같은 온도의 수조에 대었을 때 느낄 수 있다. 오븐 온도는 훈훈하게 느껴지고 수조는 고통스럽게 뜨겁다.

수비드 요리 시간과 온도

재료	부위	상태	온도	시간
소고기	안심	레어	54℃	1~2시간
		미듐	58℃	1~2시간
		웰던	69℃	1~2시간
	등심		60℃	90분
	부채살		60℃	2시간
	양갈비		56.5℃	1시간
돼지고기	안심		56.5	90분
	등심		58℃	2시간
닭	가슴살		62℃	60분
	다리살		66.5℃	90분
오리	가슴살		58℃	75분
생선	연어		52℃	20~30분
랍스터			60℃	45분
가리비			60℃	40~60분
새우			60℃	30분

채소	뿌리야채		84℃	1~4시간
달걀		반숙	65.5℃	40분
		완숙	73.9℃	40분

개인 취향에 따라 온도와 시간은 조정하여야 한다.

고기의 질감은 응고와 가수분해에 달려 있다. 섭씨 48℃~53℃ 변성기점 (섬유소 수축, 블루헤어에서 레어로 넘어가는 단계 섭씨 55℃~58℃) 미오신의 섬유 부분이 응고되고 콜라겐이 응고되기 시작한다. 미오신은 액틴과 함께 근육 수축을 하는 데 필요한 단백질이다. 60℃, 레어에서 미디엄으로 넘어가는 단계. 섭씨 62℃, 응고 및 분홍빛에서 회갈색(미디엄). 66℃, 미오글로빈 변성 육류 색을 잃는다.

수비드 요리는 물의 온도를 일정하게 유지할 수 있다는 점에서 오히려 다른 조리법보다 실패할 확률이 낮아 요리 초보자라면 수비드 요리가 편리할 수 있다. 직접적으로 재료에 열을 가하는 직화구이 방식은 원하는 온도를 일정하게 유지하거나 고르게 전달하기 어려워 태우거나 덜 익힐 수 있는데 수비드 조리법은 실패율에서 안전하다.

특히 수비드 요리는 저온으로 익히기 때문에 영양소 파괴가 적고 기기의 육즙과 지방이 그대로 남아 있어 육질이 부드럽다. 섭씨 100℃ 미만의 온도를 유지하며 천천히 익히기 때문에 재료의 촉촉함을 잃지 않고 맛과 향을 그대로 보존할 수 있다.

고기류는 식감을 위해서 팬이나 오븐에서 이차적인 시어링(searing)과 조리 온도와 시간이 음식의 품질을 좌우하기에 온도를 정확히 조절될 수 있는 기계가 필요하다.

닭가슴살 수비드

수비드할 닭가슴살을 준비하여 소금 후추로 밑간을 하고, 수분 유지와 잡냄새를 제거하고 향을 내기 위해 로즈메리나 타임 마늘 올리브유를 넣고 진공으로 포장한다. 60℃에 1시간 수비드로 조리한다. 실험 결과 부드럽고 연한 맛을 원한다면 60℃에서 1시간, 약간 씹히는 질감을 원한다면 64℃에서 1시간이 실험결과 적당한 것 같다.

실험을 통해 맛을 비교해 보았다.

온도는 60℃, 62℃, 64℃ 3가지로 진행하고 시간은 1시간 1시간 30분 2시간 이렇게 총 9개로 진행하여 맛을 테스트했다. 각각 특색은 있었으나 60℃에서 2시간은 육즙과 부드러움은 좋으나 약간 닭 특유의 냄새가 나는 것이 결점이었다.

62℃에서 1시간이 촉촉함과 부드럽게 씹히는 맛이 조화를 이뤄 가장 좋았고 약간 씹히는 맛을 좋아한다면 64℃에서 1시간을 추천한다.

그러나 64℃에서 2시간부터는 삶아놓은 닭가슴살 같은 느낌이었다.

여기서 꿀팁, 수비드는 66℃를 넘기지 말아야 한다. 66℃가 넘어가게 되면 근육을 구성하는 단백질이 변형 근육 수축을 일으키면서 퍽퍽하게 된다.

수비드로 한 고기를 시어링하는 방법

팬에 기름을 한 스푼 넣고 연기가 조금날 때까지 달군 후 기름을 조금 더 추가하면 온도가 약간 떨어진다. 그때 고기를 넣고 한 면에 15초씩 뒤집어 가며 마이야르 반응이 일어나도록 1~2분간 구워 준다. 굽는 도중 버터, 마늘, 로즈메리 등의 허브를 넣고 구우면 풍미가 더해진다. 다만 수비드는 레스팅 시간이 필요 없다.

소 안심의 경우, 직화구이는 층이 생기지만 수비드는 익힘 정도가 균일하다.

지방이 많은 고기는 수비드보다 굽거나 팬프라이로 하는 것이 적당하다. 수비드를 했을 때 가장 효과적인 고기는 닭가슴살이다. 팬에 구운 닭가슴살과 수비드로 조리한 닭가슴살은 완전 식감이 다르다.

수비드를 할 때 주의해야 할 점은 진공 포장지를 사용할 때 내열 처리가

수비드로 조리한 닭가슴살 요리

되어 있어야 한다.

수비드 후에 바로 먹을 것이 아니라면 얼음물에 넣어서 빠르게 칠링해야 한다. 식중독 예방을 위해 필수적이다.

소 안심스테이크 온도와 시간

소 안심을 손질하여 3cm 두께로 자른 후 소금을 뿌려 냉장고에 40분간 보관 후 들어내서 진공포장 또는 지퍼백에 넣고 올리브기름 또는 버터 로즈메리 마늘을 첨가한 후 진공으로 포장한다.

56.5°C에서 1시간 정도 조리한다. 참고로 54°C보다 낮은 온도에서 조리할 경우, 고기가 상할 수도 있어서 2시간 반 이상 조리하지 않는다.

수비드가 끝나고 시어링 전에 겉면 수분 제거는 마이야르 반응을 올려주는 중요한 작업이다.

수비드 고기를 팬에 넣고 양면에 마이야르 반응이 일어나도록 강한 불에서 빠르게 겉면을 익혀주어야 한다.

완성이 되면 더운 채소요리와 함께 접시에 담고 소스를 곁들이면 훌륭한 일품요리가 된다.

흘러나온 육즙은 버리지 말고 팬에 모아 적포도주를 넣고 졸인 후 버터 조각으로 몬테하여 간단하게 소스로 사용한다.

참고, 수비드 머신이 없어도 가정에서 약식으로 수비드를 할 수는 있다. 온도계와 가열기구로도 가능하며 아이스박스로도 가능하다. 또는 전기밥솥으로도 하는 방법이 있다. 하지만 전용 장비 없이 수비드로 조리하는 것은 물의 온도를 일정하게 유지하기가 쉽지 않기 때문에 추천할 것은 못 되지만 불가능하지는 않다는 정도로만 이해하는 것이 편하다.

수비드 조리의 장점
- 질감을 유지해 주고, 영양 손실이 적다.
- 빠른 서브가 가능하다.
- 저장 기간이 늘어난다.
- 조리 도중의 활동이 자유롭다.
- 초보자나 전문가나 같은 결과물을 도출할 수 있다.

수비드 조리의 단점
- 전용 장비와 추가 비용이 필요하다.
- 조리할 때 오랜 시간이 걸린다.
- 식품위생(식중독)에 취약하다.
- 수비드 조리법의 특징이자 큰 단점 중 하나, 생선류는 40분 내외, 육류를 조리한다면 기본이 1~2시간, 부피가 크다면 길게는 2~3일 조리해야 한다는 점이다.

전기밥솥으로 수비드를 하기 위해 보온온도를 실험해 보았다

부득이 전기밥통으로 하고자 할 때는 제조사마다 밥통의 온도가 다르겠지만 보통 뚜껑을 닫을 시 75℃, 뚜껑을 열어 두면 52℃를 유지하는데 75℃는 수비드 방식으로 조리하기엔 너무 높은 온도이고, 52℃는 너무 낮은 온도라 속 뚜껑으로만 보온해 보니 59℃가 나왔다.

전기밥솥으로 수비드를 하실 분들은 참고하길 바란다.

수비드 실험(목표 온도 전과 후)

수비드 온도가 도달하고 고기를 넣어 주는지 아니면 온도가 도달하기 전에 넣어 주는지에 대한 실험을 해 보았다.

하나는 60℃가 되기 전에 넣을 건데 그때부터 넣어서 1시간 다른 하나는 일반적으로 하는 방법으로 목표 온도가 다다른 다음에 고기를 넣어서 1시간 수비드를 하였다.

이렇게 수비드를 했을 때 어떤 차이가 발생하는지 한번 보도록 하자.

두께와 무게가 같은 고기를 진공으로 포장하여 물 11ℓ에 수비드 기계를 넣어서 실험 A는 목표 온도가 되기 전에 넣어서 60℃가 될 때까지 걸리는 시간이 25분 걸렸다. 60℃가 되기 전 고기는 앞으로 35분간 더 수비드하고 B는 목표 온도 60℃에서 1시간 한다. 똑같은 1시간 수비드이다.

육즙이 얼마나 빠졌는지 계량해 보았는데 시간 전 수비드 20g, 시간 후 23g의 육즙이 흘러나와 육즙의 차이는 미미하였다.

식감 차이를 비교하기 위해서 팬에 기름을 두르고 시어링을 한 후 썰어서 맛을 테스트해 본 결과 맛에서도 큰 차이를 느끼지 못했다.

결과

목표 온도 전과 후의 차이에서 육즙과 맛에 큰 차이가 없는 걸로 나타났다. 따라서 예열 전 수비드를 하는 것보다 예열 '후'에 하는 것을 추천한다.

연어 수비드 요리와 버섯 크림소스

연어 필렛을 큼직하게 썰어 소금, 후추, 올리브유, 레몬 조각, 로즈메리를 함께 넣고 진공으로 포장한다.

50℃로 예열된 수비드 기계에 30~50분간 수비드로 조리한다. 수비드가 끝나면 팬 시어링한다. 시어링 도중 팬에 버터 로즈메리, 레몬 조각을 넣고 베이스팅하면 향긋한 맛의 연어 수비드 요리가 된다.

일품요리로 식탁에 올릴 때는 더운 채소요리와 소스를 함께 곁들이면 레스토랑에서 제공하는 맛을 느낄 수 있다.

버섯 크림소스

양파와 마늘은 다지고 양송이는 얇게 썰어 버터에 볶다가 백포도주를 넣고 알코올 성분이 날아가도록 잠깐 끓인다.

여기에 수비드에서 흘러나온 육즙과 생크림을 넉넉히 넣고 끓인 후 믹서에 곱게 간다. 고운체에 거른 다음 버터 조각과 레몬즙 소금 후추 다진 허브를 넣어 완성한다.

수비드 방식으로 조리한 고기는 보관시간이 길 경우 미생물 번식을 방지

하기 위해서 칠링하여 보관한다.

실온에 두면 조리가 계속 진행되기 때문에 즉시 얼음물에 칠링(chilling)하여야 한다.

그러나 바로 드실 때는 칠링(chilling)이 필요 없다.

수비드의 가장 큰 장점은 한꺼번에 많이 만들어 두었다 필요할 때마다 꺼내서 드실 수 있다.

될 수 있으면 수비드는 값싸고 질긴 고기를 사용하는 것이 경제적이다.

돼지 안심 수비드 요리

가정에서도 간단히 할 수 있는 고단백 저지방 돼지 안심을 수비드로 요리해 보자.

돼지 안심은 지방이 거의 없어 식감도 퍽퍽하고 맛도 떨어져 마트에서 외면당하고 있는데 수비드 공법으로 조리하면 퍽퍽함 없이 부드럽고 촉촉한 고급요리가 된다.

- 재료: 돼지 등심 1개, 올리브유, 소금, 버터, 후추, 로즈메리, 수비드 기계, 지퍼백

요리 요령
손질한 돼지 안심과 엑스트라 번진 올리브기름. 소금 후추 마늘 로즈메

리를 지퍼백에 넣고 진공으로 포장한다. 수비드 기계에 온도를 60℃로 세팅하고 약 2시간 동안 수비드 공법으로 조리한다.

수비드가 끝나면 지퍼백에서 꺼내 종이행주를 이용하여 수분을 잘 닦아준다. 수분이 있으면 마이야르 반응이 잘 일어나지 않는다.

스테인리스 팬에 표면이 갈색이 나도록 강한 불에서 2분 정도 시어링한다. 시어링 도중 버터, 마늘, 로즈메리를 넣어 기름을 끼얹어 풍미를 돋운다.

더운 채소요리와 함께 담고 소스를 곁들이면 훌륭한 일품요리가 된다.

2~3분 레스팅해야 하지만 수비드는 레스팅이 필요 없다.

돼지안심 수비드 스테이크

바닷가재를 수비드 공법으로 조리한 고급 프렌치 요리

1. 바닷가재는 끓는 물에 1분간 데쳐 얼음물에 식힌 후 속살을 빼내 버터 로즈메리와 함께 진공팩에 넣어 52℃에서 30분간 수비드 방식으로 조리한 후 한입 크기로 썬다. 양송이는 4등분으로 썰어서 가재살과 함께 팬에 살짝 볶는다.

2. 감자는 삶아서 고운체에 내린 후 버터와 우유 넛멕을 넣고 소금. 후추로 조미하여 매쉬포테토를 만든다.

바닷가재 크림소스

1. 양파와 마늘은 다져서 버터에 볶다 백포도주를 넣고 알코올 성분이 날아가도록 가열한다.

2. 육수를 넣고 부케가르니(월계수 잎, 타라곤 타임)를 넣고 끓이다가 생크림을 넉넉히 넣고 걸쭉한 농도가 되도록 졸인다.

3. 고운체에 걸러서 냄비에 담고 디종머스타드와 레몬즙을 짜 넣고 버터 조각으로 몽테(monter)하여 바닷가재 크림소스를 완성한다.

4. 팬에 다진양파와 마늘을 볶다 양송이를 넣고 볶은 후 썰어놓은 바닷가재를 넣는다. 여기에 바닷가재 크림소스를 넣고 버무린다.

5. 메인 접시에 바닷가재 껍질을 올려놓고 가장자리에 매쉬포테토를 짠 후 가재살을 담고 소스를 끼얹어 오븐에 살짝 넣었다 꺼낸다.

바닷가재 육수 만들기

1. 바닷가재 껍질과 새우 머리를 팬 또는 오븐에 굽는다.

2. 양파 당근 셀러리는 얇게 썰어서 구운 바닷가재와 새우 머리 부케가르니를 육수통에 넣고 물을 부어 끓인 다음 고운체에 거른다.

바닷가재 그라탱

프랑스식 홈 파티 요리

치킨 프리카세(Chicken Fricassee)

• 재료: 4인분 기준, 닭 1마리, 밀가루(박력분) 2큰술, 양송이버섯 8개, 다진 마늘 4쪽, 드라이 백포도주 1컵, 비정제 설탕 1큰술, 닭 육수 1컵, 생크림 1컵, 레몬 1/4개, 레몬 제스트 5g, 올리브기름, 무염버터, 부케 가르니 1개, 파슬리 1줄기, 로즈메리 1줄기, 타임 2줄기, 방울토마토 4개, 그라나 파다노 치즈 20g

• 조리 방법:

1. 닭은 뼈를 발라 적당한 크기로 썬 후 소금 후추로 밑간하고 버섯은

4등분으로 썬다.

2. 박력분을 닭고기에 무친다.

3. 예열된 팬에 올리브기름과 버터를 넣고 다진 마늘을 볶다 닭고기를 넣고 앞뒤로 노릇하게 색깔이 나도록 구워 준다.

4. 닭고기를 들어내고 4등분으로 썰어 놓은 버섯을 넣고 노릇하게 구워 준 후 구운 닭고기를 합치고 백포도주를 붓고 알코올 성분이 날아가도록 불을 올려 조린다.

5. 여기에 치킨스톡과 월계수 잎을 넣고 끓이다가 기름종이에 버터를 발라 덮어준 다음 뚜껑을 덮어서 200℃ 오븐에 약 40분간 넣었다 들어내서 생크림을 넣고 소금, 후추, 레몬즙으로 조미하고 약한 불에서 10분 정도 더 끓인 후 치킨스톡으로 농도를 조절하고 버터 조각을 넣어 (몽테) 완성한다.

6. 스튜 접시에 담고 그라나 파다노 치즈 가루를 뿌리고 토마토 콘카세와 로즈메리, 타임을 다져서 뿌린다.

7. 리 필래프와 함께 접시에 담아 식탁에 올린다.

리 필래프(riz pilaf)

• 재료: 1인분 기준, 불린 쌀 200g, 버터 20g, 올리브유 10g, 부케 가르니 또는 월계수잎 1잎, 닭 육수 200g, 마늘 1쪽, 양파 30g, 소금, 후추

• 조리 방법:

1. 냄비에 버터와 올리브유를 두르고 양파와 마늘을 다져서 투명하게 볶아 준다.

2. 쌀을 넣고 소금으로 간을 한 후 투명해질 때까지 볶은 후 치킨스톡

을 붓고 월계수잎을 넣은 다음 뚜껑을 덮어서 약한 불로, 약 16분간 밥을 짓고 5분 정도 뜸을 들인다. 닭 육수가 없으면 치킨파우더를 물에 타서 닭 육수 대용으로 사용한다.

- 포인트: 불린 쌀은 쌀과 물의 비율 1:1 동량, 불리지 않은 쌀은 1:1.5분량으로 한다.
- 용도: 카레, 스튜, 스테이크의 곁들임 요리.

치킨 프리카세

지금까지 내가 흘린 눈물은 나 자신의 성취에 도취되어 흘린 이기적인 눈물이 아니었다. 나를 있게 한 모든 환경, 내 주변의 지인들과 오랫동안 내 곁에서 나를 도와주고 기다려 준 내 가족, 선후배 동료들로 인해 나는 한 참된 인간이 되었다.

이것이야말로 가장 위대한 성취가 아닐까? 어쩌면 살아온 삶이 가장 평범하다고 할 수 있고 또 어쩌면 파란만장하다고도 할 수 있는 내 삶의 궤적은 이렇게 진행되어 왔다.

그 자리마다 기쁨의 눈물과 슬픔의 눈물, 울고 웃으며 흘린 많은 눈물 자국이 지금도 어렴풋이 남아 있고 그 눈물에는 각각의 의미와 가치가 있다고 생각한다. 그 눈물이 바로 지금의 나를 이 경지에까지 올려놓게 된 원동력이 아니었을까.

끝으로, 시간이 날 때마다, 밤에 자다가도 생각날 때마다, 일어나 한 장씩 한 장씩 이 글을 써 모으면서 나는 나의 이야기를 미화하거나 실제와 다르게 기술하지 않았다. 다소 수치감이 드는 대목도 있지만 40년의 긴 세월 동안 외길을 걸어오면서 힘들게 터득해 온 기술과 지식을 현장과 후배 조리사들에게 아낌없이 전해 줄 생각으로 겪은 일들을 가급적 소상하고 진술하게 기술하였다.

이제 내 이야기도 누군가의 희망이 되고 씨앗이 되기를 마음 깊이 염원하며 이 책이 외식업에 종사하는 전문조리사들은 물론, 미래 최고의 셰프를 꿈꾸는 많은 사람에게 조금이나마 도움이 되었으면 하는 마음으로 끝맺고자 한다.

이 책이 나오기까지 교정과 디자인 등으로 애써 주신 좋은땅 출판사 관계자분들께 깊이 감사드린다.

나는
100살까지
요리하기로
했다

ⓒ 김종옥, 2022

초판 1쇄 발행 2022년 4월 1일

지은이   김종옥
펴낸이   이기봉
편집   좋은땅 편집팀
펴낸곳   도서출판 좋은땅
주소   서울특별시 마포구 양화로12길 26 지월드빌딩 (서교동 395-7)
전화   02)374-8616~7
팩스   02)374-8614
이메일   gworldbook@naver.com
홈페이지   www.g-world.co.kr

ISBN   979-11-388-0817-0 (13590)